日本ジュースクロニクル

日本懐かし大全シリーズ編集部 編

辰巳出版

はじめに

コーラにサイダー、オレンジジュースに缶コーヒー、スポーツドリンクに冷たいお茶などなど……。私たち日本人のまわりには、あらゆる種類のドリンクが身近にあり、いつでもどこでも味わえる。この本は、自分たちがどれほど幸福なのかを再確認するための一冊と言っても過言ではない。

日本にジュース、いわゆる清涼飲料水が出現したのは江戸時代末期、太平洋を越えてやってきたペリー提督率いる米艦隊の積荷の中のきゅうりのような瓶に入ったレモネードが最初だとされる。それから１７０年もの間、私たちを幸せな気持ちにさせ続けるドリンクたちは、時に甘く、時にシュワッとした不思議な泡を伴いながら、様々なかたちで生まれてきた。

しかし、ジュースとは実にはかない存在でもある。炭酸飲料は早めに飲み干さないと気が抜けて悲しい味になってしまうし、冷たさが命の甘いジュースがぬるくなってしまっては元も子もなく、なるべく早く平らげたい。しかし、飲み切ったあとの空き瓶には、花火が打ち上がったあとに訪れる夜の静寂のようなわびしさがある。

また、聞くところによると、人間が最も忘れやすいのは舌で感じた味の

記憶だという。「あの頃の懐かしい味」などと簡単に言うけれど、本当にそのジュースの味を正確に思い出せるかというと、「イエス」と言い切る自信が果たしてあるだろうか。これも、ジュースのはかなさ故なのだろう。

さらに言えば、かつて好きだったあのドリンクが今も健在かどうか、ちゃんとわかっているものが一体何本ある？　ずっと当たり前に買えると思っていたジュースが実はもうどこにも売っていない、そんなはかなすぎる話もけっして少なくないのだ。

それとは逆に、とっくになくなってしまったと思い込んでいたジュースが、どっこい、しっかり意外な場所で売られているなんてことも案外多い。そんな発見がこの一冊にはたくさん詰まっている。

本書では、明治、大正、昭和、平成と、紡がれ続けてきた日本人とジュースをめぐる長い長い歴史を辿りながら、特に私たちが青春時代を過ごした昭和40年代から平成初期にかけて発売された、当時を代表するような飲料は網羅したつもりだ。また、ご当地ジュースやご当地サイダー、懐かしい自動販売機などジュース文化の立役者にもスポットを当てた。

さあ、これまでありそうでなかったような一大クロニクル、日本のジュース史の世界へようこそ！

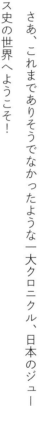

もくじ

昭和編

~1969

ミニ特集

平成編

1989~'99

【凡例】
本書内のメーカー名は、原則として発売当時の販売元を記載した。尚、2023年5月現在、他社より販売、あるいは販売権が移譲されている商品については、現在の販売元を括弧内に記載している。

1970~'79

1980~'88

2000~'18

コラム

昭和編

1907〜1988

ミリンダ
オレンジ
果汁入り
炭酸飲料
ファンタ
オレンジ
炭酸飲料
無果汁
250ml
PEPSI
明治
パイゲン
C
Meiji
明治 ネクター
ピーチ
Bireley's
バヤリース
オレンヂ
カルピス
ソーダ
カルピス
スコール
REGISTERED TRADEMARK
Skal
REFRESH DRINK
乳性炭酸飲料
グレープ
250ml
Sprite
Kagome
カゴメ
TOMATO JUICE
トマトジュース
NECTAR
不二家ネクター
FUJIYA
Peach
VIVO
うまさ…いきいき
ミルクセーキ
MILK SHAKE
QUICK QUENCH C
Sunyodo
ピーチ
エード
果汁 10%
KIRIN
GRAPE FRUIT
UCC
アメリカンコーヒー
コーヒー飲料
Dr Pepper
250ml
KIRIN
AFTERNOON TEA
午後の紅茶
ストレートティー
POKKA
WEILI 維力
Honey and Lemon
サントリー
はちみつレモン
PLAYBOY
COLA
プレイボーイ
コーラ
SODA
PLAYBOY
サントリー紅茶テス
TESS
レモンティー
Lemon Tea
Premium Quality
Distributed by Suntory Limited
Red Berry
サントリーマリンクラブ
Distributed by Suntory Limited

1907~'69

JUICE Chronicle OUTLINE

日本に清涼飲料が上陸したのは１８５３（嘉永６）年、ペリー提督率いる黒船艦隊来航の際、江戸幕府の役人との交渉の席で飲まれたのが最初だとされる。一般に清涼飲料が販売されるようになったのは１８６５（慶応元）年、長崎の商人・藤瀬半兵衛が外国人からレモネードの製法を学び、「レモン水」の名で売り出したのがはじまりといわれる。その折、なぜかレモン水とは呼ばれず、外国人が呼んでいたレモネードから転じた〝ラムネ〟の名が根付いて炭酸飲料の代名詞となったとか。

一方、サイダーが日本に広まりだしたのは明治中期以降。横浜や築地など外国人居留地でリンゴ風味のシードルから転じたシャンペンサイダーが販売された。これに目をつけた横浜の商人・秋山巳之助が１８９９（明治32）年、国産初となる王冠栓を採用したサイダーの量産化に成功。

以後、日本各地でいわゆるご当地サイダーが製造されるようになる。『三ツ矢サイダー』の源流である『平野シャンペンサイダー』が発売されたのもこの頃だ。

そして、コーラ飲料が日本に輸入され始めたのは大正初期とされる。詩人・高村光太郎が１９１４（大正３）年に発表した『道程』の一遍、「狂者の詩」に「コカコオラ」の名が登場しており、銀座の電燈や公衆電話と並ぶモダンなファッションを演出するアイテムとなっていたようだ。

ただし、戦前までのコーラは超高級品。庶民が気軽に楽しむには程遠いぜいたく品の域を出なかった。国産のサイダーも、そば1杯3銭に対し10～12銭と、子どもが手軽に買える代物ではなかった。

そして昭和——。健康志向を謳った『カルピス』『ヤクルト』などの乳酸菌飲料や、『森永果実飲料』『トマトジュース』が登場するなど、ジュースの世界は彩りを帯び始めた。１９３８（昭和13）年には、試作輸入用として缶入りのみかん飲料も生まれている。

本格的にジュース文化が大衆の間に広まったのは太平洋戦争終結以後のこと。終戦と同時に上陸した進駐軍専用飲料として『コカ・コーラ』や『ペプシ・コーラ』が輸入された。

朝鮮戦争特需に沸いた１９５０年代には、『三ツ矢サイダー』や『リボンシトロン』など戦前からのブランドが復活。本格的果汁飲料『バャリース』や『キリンレモン』など、のちにロングセラーとなる名前が出揃い始めた。

Bireley's
WILKINSON'S

KIRIN

カルピス
CALPIS
カルピス製造株式会社

Citron
造製社會式株酒麥本日大

全糖
三矢
シャンペンサイダー
全糖

ファンタ
登録商標
THE COCA-COLA COMPANY
200 ml

コカ・コーラ
登録商標 190 ml

ペプシコーラ

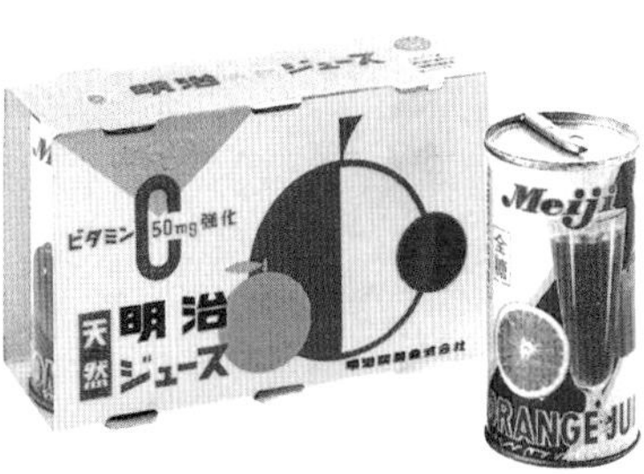
明治 ジュース
ビタミンC 50mg強化
天然 明治ジュース
Meiji
全糖

Yakult Yakult
生菌
ヤクルト

明治
パイゲン
C

~1969

1904年、日露戦争開戦。1912年、明治天皇が崩御、大正時代が始まる。ストックホルムオリンピックで日本が初めて五輪出場。1914年、第一次世界大戦。1917年、ロシア革命。

1907

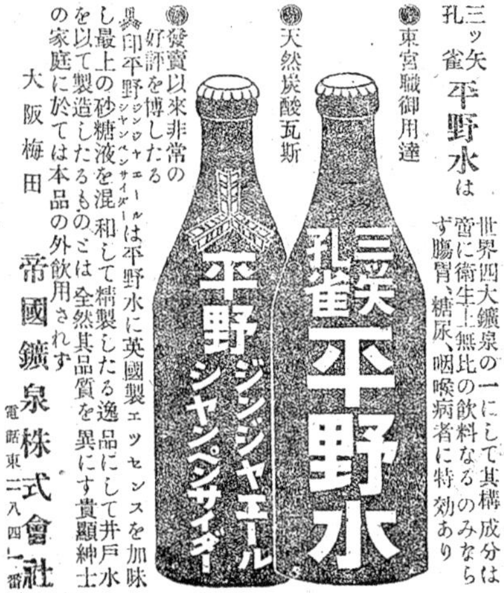
三ツ矢 孔雀 平野水は
東宮職御用達
天然炭酸瓦斯
世界四大鑛泉の一にして其構成分は啻に衛生上無比の飲料なるのみならず腸胃、糖尿、咽喉病者に特効あり
三ツ矢 孔雀 平野水
平野 ジンジャエール シャンペンサイダー
發賣以來非常の好評を博したる三矢印平野ジンジヤエール シヤンペンサイダーは平野水に英國製エッセンスを加味し最上の砂糖液を混和して精製したる逸品にして井戸水を以て製造したるものとは全然其品質を異にす貴顯紳士の家庭に於ては本品の外飲用されず
大阪梅田
帝國鑛泉株式會社
電話東二八四一番

温泉地だった兵庫県川辺郡平野村（現川西市）で湧出する天然鉱泉を「平野水」として商品化したのが「三ツ矢印」のはじまりとされる。1907（明治40）年、帝国礦泉株式会社が設立され英国からの輸入フレーバーエッセンスを用いた甘味炭酸飲料として大阪・梅田を拠点に発売したのが『三ツ矢平野シャンペンサイダー』だった。宮内省侍医局員のお墨付きを取得し、東宮（のちの大正天皇）御料品に採用されている。

1933

「三ツ矢」ブランドの顔が誕生！

三ツ矢シャンペンサイダー
［アサヒ飲料］

1933（昭和8）年当時の『三ツ矢シャンペンサイダー』。金融恐慌など不況続きだった昭和初期、ビール業界で壮絶な販売競争が展開される中、大日本麦酒（現アサヒビール）傘下となった。

1910年頃から急成長！業界屈指の炭酸飲料に!!

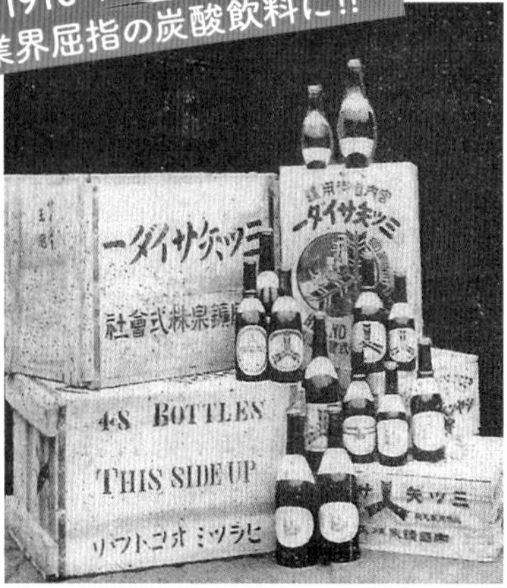
48 BOTTLES
THIS SIDE UP

宮內省御用達
帝國鑛泉株式會社

帝国礦泉の「営業案内」で紹介されていた『三ツ矢サイダー』（左）と、販売促進用に製作された色付き絵葉書（上）。広大な工場の写真に『三ツ矢平野水』『三ツ矢シャンペンサイダー』『三ツ矢ヲレンジ』が描かれている。ラムネより高価だったため当初の売り上げは伸び悩んだものの、1910（明治43）年頃には知名度が広がり、夏目漱石、宮沢賢治ら明治・大正の文豪にも愛飲された。

JUICE topics
ジュース トピックス

1853年、ペリー率いる米国艦隊が江戸湾に来航し、幕府との交渉の席でレモネード（のちのラムネ）が出される。1865年、長崎で藤瀬半兵衛が外国人から技術を学び国産初とされる『レモン水』を発売。1904年、横濱の輸入商が英国由来の『金線サイダー』を発売。

おとなは
アサヒビール
こどもは
三ツ矢サイダー

1952

全糖
MITSUYA CHAMPAGNE CIDER
三ツ矢
シャンペンサイダー
全糖
朝日麦酒株式會社

終戦直後はビールよりも高価だったサイダーだが、1950（昭和25）年の清涼飲料税廃止を機に売り上げを伸ばした。（左）1952（昭和27）年のユニークな中吊り広告。

高級な「全糖」のサイダーが登場！

P 40

全糖《さとう》のサイダー
代用甘味料を使わない全然砂糖だけのサイダーがやっと出来ました　味もずっとよくなり栄養の点からも最高の飲みものです
全糖
MITSUYA CHAMPAGNE CIDER
三ツ矢
シャンペンサイダー
朝日麦酒株式會社

太平洋戦争終戦からまもない食糧難だった中で復活した『全糖三ツ矢シャンペンサイダー』300ml瓶。代用甘味料が氾濫した当時、希少だった砂糖のみで製造された。"贅沢な清涼飲料"として親しまれたという。

1969

MITSUYA CIDER
全糖
三ツ矢サイダー
製造者
朝日麦酒株式会社

1969（昭和44）年、原産地名表示の取り決めを定めたマドリッド協定批准に伴い『シャンペン』が使用不可となり、『三ツ矢サイダー』に名称変更。コーラ飲料の市場拡大やメディアで取り上げられるようになっていた人工添加物問題を意識しつつ『平野水』以来の「美しい水」と人工甘味料不使用の安心感をアピールした。

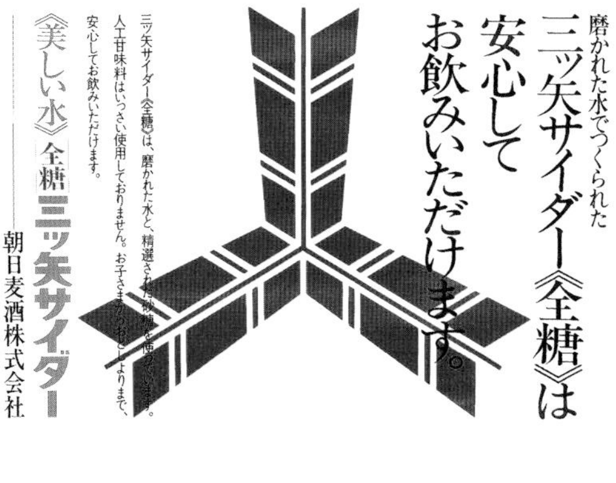
磨かれた水でつくられた
三ツ矢サイダー《全糖》は
安心して
お飲みいただけます。
三ツ矢サイダー《全糖》は、磨かれた水と、精選された砂糖を使っています。
人工甘味料はいっさい使用しておりません。お子さまからお年よりまで、
安心してお飲みいただけます。
《美しい水》全糖 三ツ矢サイダー
朝日麦酒株式会社

1918年、シベリア出兵。米騒動。原敬が平民出身初の首相に。1920年、国際連盟発足。1922年、ソビエト連邦成立。1923年9月、関東大震災発生。1925年、普通選挙法と治安維持法が成立。

~1969

柑橘系清涼飲料『シトロン』誕生！

1915（大正4）年『リボンシトロン』発売

『リボンシトロン』の歴史は1909（明治42）年、大日本麦酒（戦後アサヒビールとサッポロビールに分割：現ポッカサッポロ）が発売した清涼飲料水『シトロン』にさかのぼる。欧州で愛飲されていたレモン水を参考にした「健康増進」飲料だった。（右）発売からまもなかった1911（明治44）年当時の『シトロン』の広告。当時のボトルと、黄金色の炭酸水を静かに口にする日本髪の和服美人が描かれている。憧れの飲み物だった雰囲気が伝わってくる。

1909

リボンシトロン

[サッポロ(ポッカサッポロ)]

1972

1970

1952

戦後歴代の『リボンシトロン』のボトル。1952（昭和27）年版では大正期以来のロゴデザインが使われていたようだ。リボンがくるりと描かれている1970（昭和45）年版も洒落たデザインだ。缶入りは濃い緑色が特徴だったが、現在はライトグリーンにリニューアルされている。他社の柑橘系炭酸飲料と比べて、弱めで飲みやすい炭酸とマイルドな味で差別化を図った。

JUICE topics
ジュース トピックス

この頃、日本全国で独自の炭酸飲料が相次いで発売された。1919年、乳酸菌飲料『カルピス』や国内初のコーラ飲料が発売。1926年、清涼飲料税が導入され、製造認可制度が制定された。

『リボンシトロン』の姉妹品で、現在では北海道限定のソウルドリンクとして知られている『リボンナポリン』も、1911（明治44）年発売と長い歴史を持つ。地中海沿岸を代表する柑橘類であるブラッドオレンジ果汁を使用したことから、イタリアの都市ナポリにちなんで命名されたという。

1972　1970

リボンナポリン
［サッポロ(ポッカサッポロ)］

『リボン』ブランド誕生時の広告

『リボン』ブランドが商標登録されたのは1914（大正3）年。大正初期にかけて女性の間でリボンを付けるファッションが大流行し、社内公募で決まったという。

1952　1961

ジュースとコーラも仲間入り！

リボンジュース／リボンコーラ
［サッポロ(ポッカサッポロ)］

1952（昭和27）年に発売された『リボンジュース』と1961（昭和36）年発売の『リボンコーラ』。『コーラ』は、『コカ・コーラ』販売本格化に合わせて発売されたようだ。「RIBBON」の書体がコーラ風にアレンジされている。

1955
濃縮 リボンジュース （オレンジ）
［サッポロ(ポッカサッポロ)］

1957
濃縮グレープ リボンジュース
［サッポロ(ポッカサッポロ)］

昭和30年代に相次いで発売された果汁入り清涼飲料『濃縮リボンジュース』のラベル。オレンジとグレープがあり、水で5～6倍に薄めて飲むコンクタイプだった。製造過程でのトラブルにより、残念ながら1970（昭和45）年頃に販売中止になってしまった。

1926年、NHKがラジオ放送を開始。昭和天皇践祚。1927年、金融恐慌。1931年、満州事変。1932年、五・一五事件。この頃、東京六大学野球が娯楽の中心に。

~1969

日本初の乳酸菌飲料『カルピス』!

僧侶だった創業者が、内モンゴルで体調を崩し瀕死の状態になったときに飲んだ酸乳をヒントに、滋養強壮飲料として開発したのが『カルピス』のはじまりだった。その名の由来はカルシウムの「カル」と、仏教の「五味」の一つ、熟酥(じゅくそ)を意味するサンスクリット語「サルピス」の「ピス」から。健康志向を謳いつつ、広告には「初恋の味」と時代的にちょっと刺激的なキャッチフレーズを採用した。

1932　1922　1919

カルピス
[カルピス(アサヒ飲料)]

1959

昭和30年代に発売されていた缶入りの『濃縮オレンジカルピス』。戦後に生産を再開した『カルピス』は、しばらく人工甘味料を使わざるを得なかった。全糖化が実現したのは1953(昭和28)年から。

戦時中には『軍用カルピス』!?

戦時中、「ゼイタクは敵だ!」と日本国内での嗜好性の高い食品類が厳しい統制を受ける一方、前線の兵士たちの栄養補給を目的としたビタミン添加の『軍用ビタカルピス』が製造され戦地へと渡った。不謹慎かもしれないが、今にして思えばスポーツ飲料やエナジードリンクの祖先とでもいうべきだろうか。

1943　1941

JUICE topics ジュース トピックス

不況が続く中、ビール会社間の競争が激化し飲料業界再編の動きが顕著に。1927年、サイダーの全国出荷高がラムネを逆転。1928年、アメリカでトマトジュースが誕生。1933年には日本でも瓶詰めトマトジュースが製造販売開始。

オリジナルのマドラー付きセットも!

1964

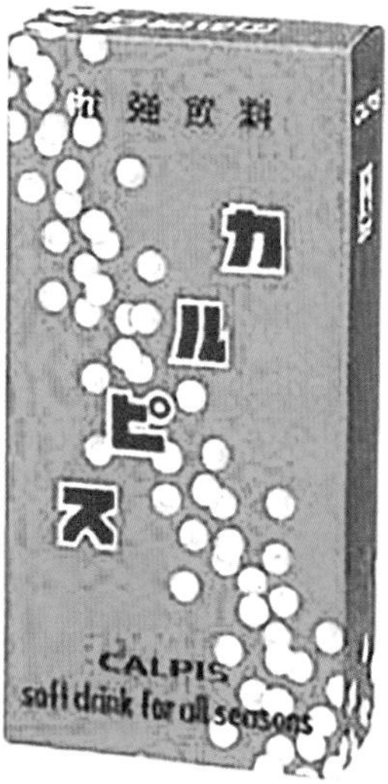

1954

街のお店で買うよりも、どこかからお中元など詰め合わせの贈答品でもらうちょっとぜいたくな夏の飲み物。そんな感覚が根付くようになったのが高度成長期における『カルピス』の姿だった。兄弟が多い友だちの家で出される『カルピス』は微妙に薄かったり、一人っ子の家ではやけに濃かったりと、その一口から各家庭の事情が浮き彫りになることも?

『カルピス』といえば 白地に青の水玉模様!

2012

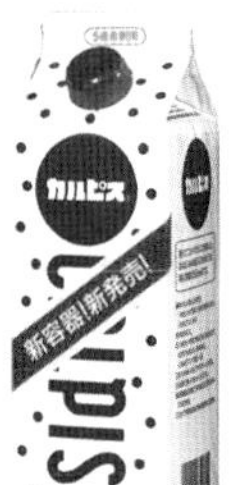

1995

1981　1980　1974　1964

1999　1993　1989　1987

2009

発売90周年 記念復刻版

1964(昭和39)年以降の歴代『カルピス』。帽子姿のキャラクターのロゴに懐かしさを感じる人も多いのでは。ブルーのトーンやロゴのデザインなど細部の変化が見られる一方、白地に青の水玉模様はほとんど変わっていない。1995(平成7)年には紙パック版が登場。2012(平成24)年からはプラスチック素材の「ピースボトル」が採用されている。

1934年、プロ野球が開始。1936年、二・二六事件発生。1937年、日中戦争勃発。1940年に開催予定だった東京オリンピックが幻に。1941年、太平洋戦争開戦。

~1969

お菓子作りの原料から誕生！

1960

森永フルーツコーラス

[森永乳業]

1927

森永コーラス

[森永製菓]

昭和初期発売という長い歴史を持つ希釈タイプの乳酸菌飲料。森永製菓が販売する菓子の原料として製造されていたものを商品化したのが最初だそうで、ライバル商品への対抗意識が強かったわけではないようだ。戦時中は嗜好品の統制強化により発売を中止したが、1952（昭和27）年に宅配専用の『森永ドリンクコーラス』としてブランドが復活。1960（昭和35）年から希釈タイプも再発売された。

1957

濃縮ジュース瓶

[森永製菓]

1947

フルーツシラップ

[森永製菓]

戦後まもなく発売された『フルーツシラップ』は、希釈タイプの濃縮フルーツジュース。商品説明文には「夏はソーダ水か冷水、冬は熱湯で7～8倍にすると二升分になる」と書かれていたという。その10年後に発売された『濃縮ジュース瓶』（左）は、贈答用らしく高級感がある。

1929

森永果実飲料

[森永製菓]

大ヒットとなっていた高級いちごジャムを足がかりに、天然果実シロップを使った果実飲料。果肉入りの『天然フルーツスカッシュ』と果肉を含まない『天然フルーツジュース』の2種類を発売。当時氾濫し評判が悪かった着色、着香の人工飲料とは次元の違う、純天然果実飲料を売りにした高級ジュースだった。

JUICE topics
ジュース トピックス

戦争推進方針が掲げられる中、物資不足から清涼飲料など嗜好品の統制が厳格化。海外からの原料調達も困難になり、各社は製造中止を余儀なくされる。

1960年代には専用自販機も登場！

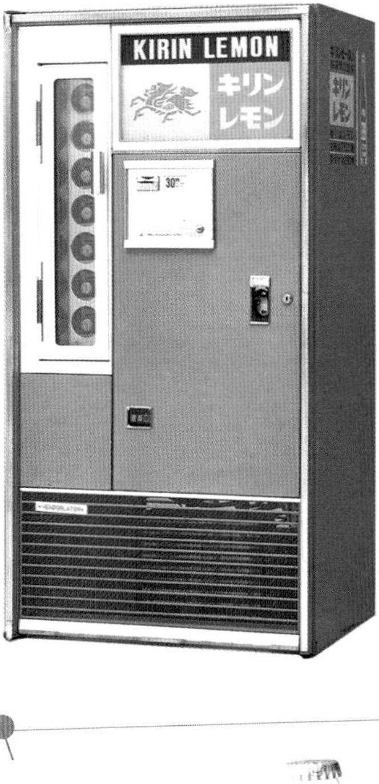

黄色いロゴのプリント瓶に！

1958

1928

キリンレモン

[キリン]

同業他社より後発となった麒麟麦酒(現キリンホールディングス)が『キリン』ブランド初の清涼飲料として発売したのが『キリンレモン』だった。それまで清涼飲料の瓶は色が付いていたが、朝鮮半島から調達した特殊な砂を使った無色透明な瓶を採用し清潔感をアピール。光による劣化を防ぐため、1本ごとに包装していた。主原料には台湾産の白ザラメとイタリア産のクエン酸を使用した。

『キリンジュース』から『キリンオレンジエード』に

新生『キリンレモン』発売とほぼ同時期の1954(昭和29)年に発売された『キリンジュース』。1970(昭和45)年より『キリンオレンジエード』に名称を変更し、その後、缶入りの『キリンオレンジエード』『キリンアップルエード』も発売された。

1980

1954
1970

1965

キリンレモンクレール

[キリン]

1950年代、清涼飲料税の廃止と砂糖の自由化を機に瓶のデザインを一新。1958(昭和33)年に「キリンレモン」の黄色いロゴ入りのプリント瓶を採用(上)。1960年代には自動販売機用のなで肩タイプ『キリンレモンクレール』瓶に変更した。

1945年、太平洋戦争終戦。進駐軍が日本上陸、占領下に突入。終戦直後、物不足から凄まじいインフレに見舞われる。1950年、朝鮮戦争勃発で日本国内は特需景気に湧く。

~1969

果汁飲料ブームの主役が上陸!

1951 ウヰルキンソン タンサン
[アサヒ飲料]

果汁の風味を長期保存可能な殺菌法を開発したアメリカ人・フランク・バヤリーが立ち上げた果汁飲料『バヤリース・オレンヂ』は、進駐軍用飲料として日本に上陸。1951(昭和26)年から朝日麦酒(現アサヒ飲料)がライセンス契約し、進駐軍向けに輸入していた『ウヰルキンソン・タンサン』とともに国内生産を開始。一般向けに売り出すと大ヒット。オレンジ果汁飲料の代名詞的存在となった。

1951 バヤリース・オレンヂ
[アサヒ飲料]

グレープ&パインも
豪華な3色詰め合わせ

1966 ウヰルキンソン ジンジャーエール
[アサヒ飲料]

明治期、英国人・クリフォード・ウィルキンソンが兵庫県で炭酸水を発売したが、それ以来の長い歴史を持つ『ウヰルキンソン』。『ジンジャーエール』は大正時代に発売された。戦後は『バヤリース』とともに朝日麦酒が販売したが、飲食店向けが中心だった。

『バヤリース』新発売まもない1952(昭和27)年のポスター。カリフォルニア産の『オレンヂ』と『グレープ』、ハワイ産の『パインエード』の3種類があった。「1打(ダース)入¥800」=1本66円。牛乳1本12〜15円に比べるとかなり高価だ。

JUICE topics ジュース トピックス

1947年、食品衛生法制定により清涼飲料の規制が緩和。1949年に『バャリース・オレンヂ』が発売され、果汁入り飲料のブーム到来。ジョー・ディマジオら全米プロ野球オールスターチーム来日とともに『コカ・コーラ』『ペプシコーラ』などが上陸。

1959（昭和34）年3月、『バャリース・オレンヂ』缶入り発売。発売当時の広告（上）では、缶入りジュースの新鮮さと賞味期限の日付表示をアピールした。

1959

バャリース オレンヂ
［アサヒ飲料］

おいしそうに飲む横顔が印象的なおなじみのブランドキャラクター『オレンジ坊や』が登場したのは1959（昭和34）年。250g缶発売の際にラベルに描かれたのが最初で、味のバリエーションが増えた1996（平成8）年から『バャリース坊や』に改名された。『オレンヂ』から『オレンジ』に変わったのは1987（昭和62）年。

『バャリース』と昭和の風景

1950年代前半の新発売当時、街を走り回っていた配送トラック。明るい黄色の動く広告塔は注目の的だったのだろう。この頃、王冠の裏に映画招待券が当たるキャンペーンを行っていた。

東京タワーの隣のビルの上に立っていた巨大『バャリース』缶の広告塔。高度経済成長期、変わりゆく東京の風景に溶け込んでいた（写真は1970年代半ば頃）。

季節の贈り物には濃縮シラップも！

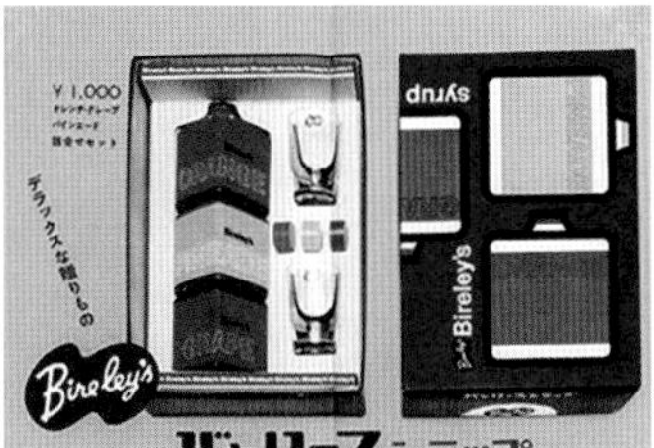

一時期発売されていた水で薄めるタイプの『バャリースシラップ』。この当時、飲料各社から発売され人気化した流れに乗ったのだろう。贈答用の需要に応えたようだ。

~1969

1951年、サンフランシスコ講和条約と日米安全保障条約に調印し、日本が国際社会に復帰。1953年、NHKと日本テレビがテレビ本放送を開始。1954年、映画『ゴジラ』公開。

日本初の缶ジュースが発売！

1954（昭和29）年、日本初の缶ジュースとして明治製菓（現明治）が発売。200ml入りで当時の定価は40円。東京地区限定発売で、缶切りで開けさせるタイプだった。1957（昭和32）年の全国発売時に缶の上に専用オープナーを付属。対角線上に穴を2つ開けて飲むタイプに。

1954

明治天然オレンジジュース
[明治製菓(明治)]

果肉の切れ端から誕生した「ネクター」

1961以降　1961

明治ピーチネクター／明治バーモントネクター
[明治製菓(明治)]

戦後の日本で初めてネクターを発売したのも明治製菓だった。桃缶製造時に発生する果肉の切れ端をピューレ化し、砂糖などで味付けし商品化した。リンゴ味の『バーモントネクター』は独創的な企画だったことから業界をリードする売れ行きだったとか。

専用オープナーで穴を開けて飲む！

『グレープ』『パイナップル』『野菜ジュースV7』『トマト』など、「明治ジュース」のラインナップも年々充実。「しぼりたて！天然の"おいしさ"」のキャッチコピーを掲げた。全国の酒屋系ルートを開拓するなど、販売チャネル拡大に苦労していたようだ。

JUICE topics ジュース トピックス

1949年に清涼飲料税が撤廃され、果汁入り飲料ブームが拡大する中、業務用や家庭用として化粧瓶詰めによる水で薄めて飲む希釈タイプの飲料が相次いで発売される。『三ツ矢シャンペンサイダー』が合成甘味料を使用しない「全糖」を打ち出し、他社もこれに続いた。

当たり付きも楽しい！ 宅配の乳酸菌飲料

明治乳業
当る あたる！
キャップのうらに ボクのマークがでたら その場で もう1本のおまけだヨ
もう1本プレゼント
★サービス期限 昭和43年6月30日
アタリ
濃い乳酸菌を飲もう!!
明治パイゲンC

スカット

1964

明治スカット

[明治乳業(明治)]

明治梅酒入りソーダ

[明治製菓(明治)]

Meiji
SODA
炭酸飲料 梅酒入り

1962

アメリカから最新式の炭酸飲料製造設備を導入し、当時珍しかった『梅酒入りソーダ』を発売。スポーツ愛好家向けの間で重宝されたらしい。『スカット』は、銭湯やドライブインなどでは定番の飲みものだった。

明治
パイゲン
C

1965

明治活性パイゲンC

[明治乳業(明治)]

明治パイゲンC
チャコちゃん一家もパイゲンファン
アタリ
ラッキープレゼント
明治
活性
パイゲン
全菌乳酸飲料
当る！ アタル！
〈もう1本サービス〉
パイゲンCのキャップのうらに〈ラッキーちゃん〉のマークがでたら その場でもう1本のオマケ！
サービス期限
昭和42年 9月20日

宅配で届けられた明治乳業の乳酸菌飲料『パイゲンC』。1瓶に30億の生きた乳酸菌と強化ビタミンC入りで健康づくりをアピール。めくったキャップに当たりが出るとワッペンがもらえるキャンペーンは発売当時の『チャコちゃん』シリーズに始まり、1970年代には『仮面ライダー』のシールやワッペンが当たるものなどもあった。

お風呂上がりに ごくごく飲みたい！

1956

明治コーヒー牛乳

[明治乳業(明治)]

明治 牛乳

1958

明治フルーツ牛乳

[明治乳業(明治)]

銭湯上がりの一杯がたまらなくおいしかった1本。キャップは指の爪で開けるか針付きのオープナーで開けるかで論争になった覚えがある。紙パックも70年代からあったが、瓶入りのほうがおいしく思えてしまうのはなぜだろう。

1955年、経済白書に「もはや戦後ではない」と記される。1956年、日本が国連加盟。1958年、長嶋茂雄プロデビュー。東京タワー完成。皇太子（現上皇）ご成婚でミッチーブーム。

~1969

ペプシがなければ始まらない！

ペプシコーラ

［ペプシコ（サントリー）］

『ペプシコーラ』がアメリカで誕生したのは1894（明治27）年。消化不良に効くという消化酵素を含む薬の一種として開発され、当初は「ブラッド・ドリンク（血のような飲み物？）」と呼ばれたが、1898（明治31）年頃に『ペプシコーラ』を名乗ったとされる。日本上陸は戦後、進駐軍専用飲料として輸入され、1954（昭和29）年に占領下の沖縄で先行販売を開始。1956（昭和31）年から本土でも一般販売された。

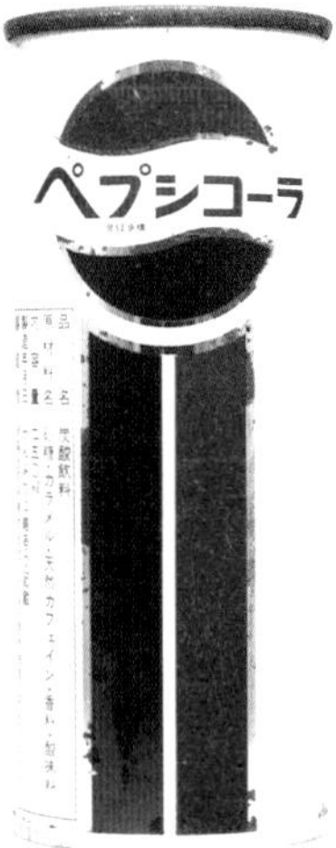

1970年代

1970年代

2000年代

1990年代

1980年代

筆記体のロゴからなじみの深い赤と青と白のものに代わったのは1970（昭和45）年。日本ではライバルに押され気味の中でラベルデザインを細かく変更。300ml瓶の導入や王冠をめくって当たりが出ると現金がもらえるキャンペーンなど、あの手この手で対抗した。

珍しい青い筐体のペプシ自販機！

JUICE topics ジュース トピックス

1955年、日本初の缶入り飲料『明治天然オレンジジュース』が発売。容器をお店に返却するリターナブル容器の登場で、清涼飲料の需要拡大に拍車がかかることに。同年、『コカ・コーラ』が日本初の自動販売機を導入。

赤・白・青の3色が ペプシのイメージ!

1980年代には当時"禁じ手"とされた『コカ・コーラ』との露骨な比較広告を展開し世間を賑わせた。日本での販売権がサントリーに移った前後に登場した国内オリジナルのイメージキャラクター『ペプシマン』は人気となり、テレビゲームまで作られた。

『セブンアップ』のロゴが貼られた瓶入り専用自販機(輸入品と見られる)。中央のダイヤルを買いたいドリンクに合わせてお金を入れると下の口から出てくる仕組み。ダイヤルの下に栓抜きが付いている。

1980・90年代

1970年代
セブンアップ
[ペプシコ(サントリー)]

緑のボディ&赤のポイントがおしゃれ!

『セブンアップ』の日本初上陸は1957(昭和32)年以降で、西日本を中心に売られていた。販売元が次々かわり東日本ではあまり見かけなかったが、ハリウッド映画でよく背景に写り込んでいて妙に気になる緑の缶ジュースという印象があった。1990年代以降、ペプシコ(現サントリー)からの販売に。

1960年、安保闘争。1961年、ソ連・ガガーリンが人類初の宇宙飛行に成功。1963年、ケネディ大統領暗殺。国産初のテレビアニメ『鉄腕アトム』放送開始。

~1969

スカッとさわやか コカ・コーラ!

コカ・コーラ

[コカ・コーラ]

1886(明治19)年頃、コカの葉やアオイ科の植物であるコーラの実などを原料に薬物依存症の処方薬として開発されたのが『コカ・コーラ』だった。日本への輸入開始は大正初期。高村光太郎の詩に「コカコオラをもう一杯」とのくだりがあった。1957(昭和32)年、日本初のボトラーで製造・販売を開始。「スカットさわやか」のキャッチコピーとともに一気に全国に広まった。

1957

1990年代

1980年代

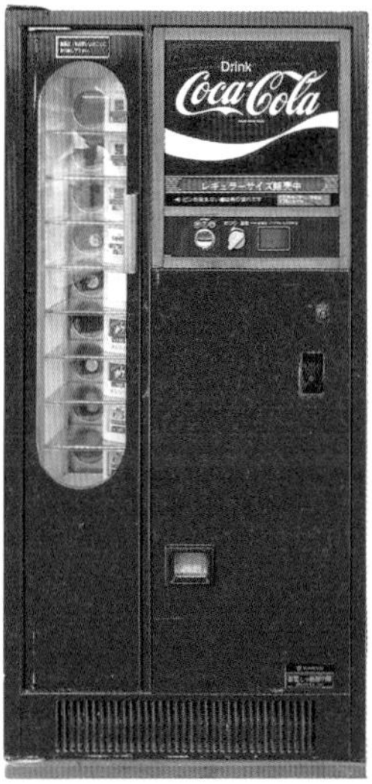

日本初の本格的清涼飲料専用自販機を普及させたのは『コカ・コーラ』だった。コーラ原液の輸入割当が自由化され、本格発売が始まってまもなかった1962(昭和37)年、全国各地に計880台が設置された。

JUICE topics
ジュース
トピックス

1957年、『コカ・コーラ』のテレビCMで「スカッとさわやかコカ・コーラ」のコピーが初登場。1961年にはコーラの原液輸入が完全自由化となり、コーラ飲料が国内飲料市場の中心的存在に。

太陽の味！ ファンタスティック!?

ファンタ
[コカ・コーラ]

1958

コカ・コーラから発売されている『ファンタ』だが、発祥は意外にもドイツ。1940（昭和15）年、敵国となっていたアメリカからコーラの原液が入手できなくなったため、ドイツ国内で原料をまかない代用飲料として販売されたのが誕生のきっかけだった。日本で発売されたのは1958（昭和33）年。『オレンジ』『グレープ』『クラブソーダ』の3種でスタートし、1970年代に『レモン』『アップル』が追加された。

1970～1980年代

1981

1981（昭和56）年は定番フレーバーの『オレンジ』『グレープ』に『レモン』も。1970年代半ば～80年代後半までは、斜めのラインにファンタのロゴと丸3点が基本のデザインだった。

1964年、東海道新幹線が開通。東京オリンピックが開催される。新潟地震発生。みゆき族が流行。カルビー『かっぱえびせん』発売。

~1969

医学博士の代田稔が京都帝国大学で「乳酸菌 シロタ株」の強化培養に成功したのが1930（昭和5）年。その5年後、福岡市で飲料として製造・販売したのが『ヤクルト』のはじまりだった。その名はエスペラント語でヨーグルトを意味する「ヤフルト」から付けられたという。同社独自の婦人販売店システム（現在のヤクルトレディ）は1963（昭和38）年から始まった。

1968
ヤクルト
[ヤクルト本社]

独特な形のプラスチック容器が採用されたのは1968（昭和43）年。子どもからお年寄りまで持ちやすく、少しずつ味わいながら飲んでもらうことを考えたデザイン。

瓶+コルク栓から プラスチック容器へ

1960年代前半

1950年代後半

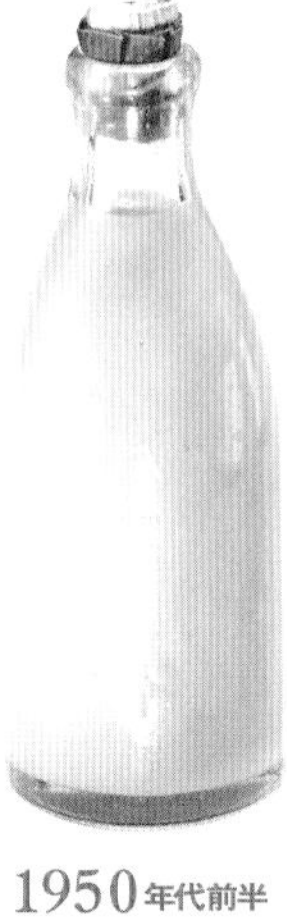

1950年代前半

1981

プラスチック容器が登場する前はガラス瓶が使われていた。その後、牛乳瓶に準じたデザインに変更。1960年代前半の容器に描かれている社章は、4つの口と田を組み合わせた「シロタマーク」と呼ばれる。

1935（昭和10）年、九州・福岡に開設した代田保護菌研究所にてヤクルトの製造販売を開始。創始者の思いである予防医学、健腸長寿、誰もが手に入れられる価格でといった「代田イズム」は現在も事業の原点だという。

JUICE topics
ジュース トピックス

1964年の東京オリンピック開催時、国内の聖火リレーに『コカ・コーラ』ボトラー各社の車両が追走。民放のテレビ中継もコカ・コーラが提供スポンサーとなりプレゼンスを高めた。

リボンちゃん広告ギャラリー

『リボンシトロン』『リボンナポリン』のイメージキャラクター「リボンちゃん」が誕生したのは1957（昭和32）年。おしゃれ好きな“永遠の小学1年生”という設定で、ドリンク界のアイドル的存在となった。

リボンシトロン
リボンオレンジ
世界の切手プレゼント
変りダネ
★毎月先着3万名さま…8月31日まで
CITRON
Ribbon
けんび鏡があたる
ダブルプレゼント
（500名さま）
王冠3個を送ってください。
アッと驚く変りダネ入り世界のシリーズ
切手を26枚ドカッとまとめてプレゼント。
シリーズは「昆虫・宇宙・スポーツ
乗り物・名画」など15種類が毎月かわります。
★サッポロビール姉妹品
リボンシトロン
リボンオレンジ

「おとながのんでもおこらないでね」
オレンジの色、香り。爽快です。
Ribbon
サッポロビール姉妹品
リボンナポリン

すっきり！リボンシトロン
サッポロビール姉妹品
Ribbon
おいしい！リボンジュース
サッポロビール姉妹品

酒屋の店先のポスターや放送開始間もなかったテレビのCMに登場し、キュートな広告塔として大活躍。オーストラリアのサンプルフィルムに登場していたアニメキャラクターをヒントにデザインされ、近年は立体感を強めたデザインへと進化している。

CMにも登場!!

1965年、日韓基本条約成立。NHKで『サンダーバード』放送開始。オリンピック景気の反動から戦後初の不況に見舞われる。1966年、丙午の影響でこの年のみ出生率が急低下。

~1969

コクが違う！ 天然果汁45％以上!!

フルーツピューレのドロッとした食感が心地よいネクターが人気となったのは、1960年代前半。神々が常飲する不老不死の霊薬を意味するギリシャ語「ネクタル」が語源とされる。その代表的なブランドとなったのが1964（昭和39）年に発売された『不二家ネクター』だ。天然果汁45%以上を謳い、『ピーチ』『オレンジ』250g缶でスタートした当時は専用オープナー付きのタイプだった。

1964

不二家ネクター オレンジ／ピーチ

［不二家］

1966

1966

ビッグサイズも登場！ 860gの徳用缶!!

飲料ではあまり例をみない、フルーツ缶詰を思わせる大口径大容量サイズ。「大きいことはいいことだ」などの流行語が生まれた時代だが、業務用やパーティーなどでの需要を考えたのだろうか。どうやってグラスに注いだのか大いに気になる。

JUICE topics ジュース トピックス

この頃、名神高速道路の開通などによりマイカーブームが到来。運転中でも手軽に飲める缶飲料の需要が増加し、各地のドライブインなどに自動販売機が次々と設置された。

1967

1966

不二家ネクター

アプリコット／ミックス

[不二家]

『ピーチ』とともに現在も人気の高い『ミックス』は1966（昭和41年）年に登場。続いて『アプリコット』『うめ』なども一時期発売されていた。ほかのジュースと比べて不思議と高級感があり、特別なときに飲むものというイメージが今なお残る。（右）鮮やかなストライプが一際目を引く、派手なデザインの自動販売機。

1980年代の自動販売機

ネクターといえばやっぱり桃が定番！

ネクターは当初、普通の飲料メーカーよりも缶詰業者やお菓子メーカーが扱うケースが多かった。“食べるジュース”の食感を最も体現しやすいのがピーチなのかもしれない。「ネクター」は、JAS規定では桃味なら果肉30%以上、オレンジとナシならば50%と定められている。

1967

サンヨーネクターピーチ

[サンヨー堂]

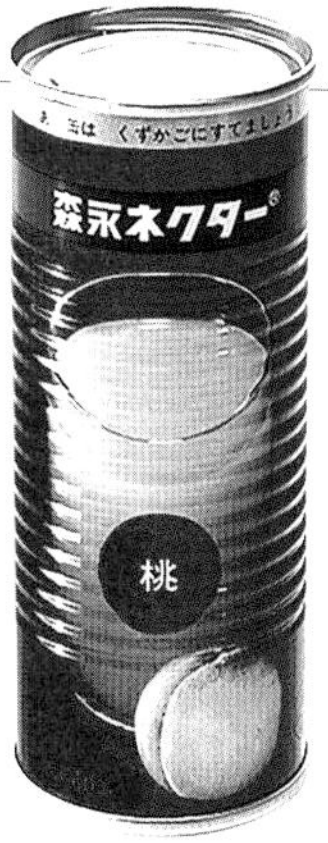

1964

森永ネクター

[森永製菓]

1966年、ベトナム戦争で北爆が激化。日本の総人口が1億人突破。ビートルズが来日公演。『ウルトラQ』『ウルトラマン』『マグマ大使』放送開始。

~1969

1964
ミリンダ
オレンジ
[ペプシコ]

1965
ミリンダ
レモンライム
[ペプシコ]

もぎたてフルーツの香りがはねる!

『ミリンダ』はスペイン生まれのフルーツ炭酸飲料で、ペプシコ(現サントリー)が商標を獲得。1964(昭和39)年に日本で発売された。『オレンジ』『グレープ』からスタートしており『ファンタ』へのライバル視が見て取れる。1965(昭和40)年に登場した『レモンライム』の印象は特に鮮烈で、『ミリンダ』の代名詞ともいえる味だ。

かわいいフルーツの
シンプルなデザイン

1982
ミリンダ
オレンジ
[ペプシコ]

1981
ミリンダ
オレンジ
[ペプシコ]

1981
ミリンダ
レモンライム
[ペプシコ]

1981
ミリンダ
グレープ
[ペプシコ]

1980年代前半に発売された250ml缶。従来の炭酸の泡をイメージさせる玉模様が描かれたデザインから一新、原色が強調された。ロゴも柔らかい書体に。日本では残念ながら終売したが、中国、東南アジアなどでは定番ブランドの座を保っているようだ。

JUICE topics
ジュース トピックス

1965年、初の缶入り炭酸飲料(コーラ)が発売。初の小瓶入りドリンク剤発売。この頃、大村崑を起用した『オロナミン C』のホーロー看板が全国各地に出現し始めた。

チェリオ
オレンジ／グレープ／メロン／アップル
[チェリオ]

先にヒット商品となっていた『ファンタ』を意識して発売された、純国産ブランドのフルーツ味の炭酸飲料が『チェリオ』だ。その名は「乾杯」を意味する英語「Cheer」から来ているとか。1本296mlとライバル他社と比べて大容量にもかかわらず30円。しかも、王冠の裏に当たりが出るともう1本もらえるという太っ腹で、お小遣いが限られていた腹ペコキッズには嬉しい販売方法だった。

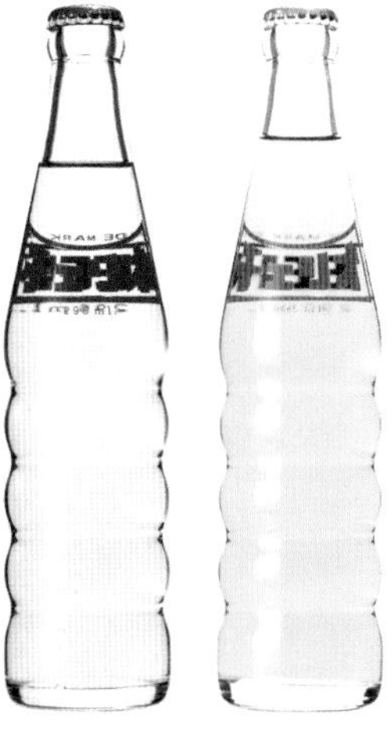

1968　1968

1965　1965

駄菓子屋で定番の大容量ジュース！

1967

三ツ矢レモラ
[アサヒ飲料]

『三ツ矢』ブランドのイメージアップと多様化を目指して発売された。高級輸入香料を使い、ボトルデザインは白と青のカラープリント瓶を採用。『三ツ矢サイダー』と差別化するため、レジャー施設やホテル、喫茶店など家庭以外での需要を狙った。

1966

カナダドライ
ジンジャーエール
[カナダドライ(コカ・コーラ)]

1904(明治37)年にカナダで誕生した大人のための炭酸飲料ブランド。日本では1966(昭和41)年に国際飲料がカナダドライ飲料に商号変更。看板商品として『カナダドライ ジンジャーエール』の販売を開始し人気が定着した。写真はすべて1980年代のもの。

1967年、四日市ぜんそくで初の大気汚染訴訟。『オールナイトニッポン』放送開始。リカちゃん人形発売。1968年、日本のGNPが世界で第2位に。

~1969

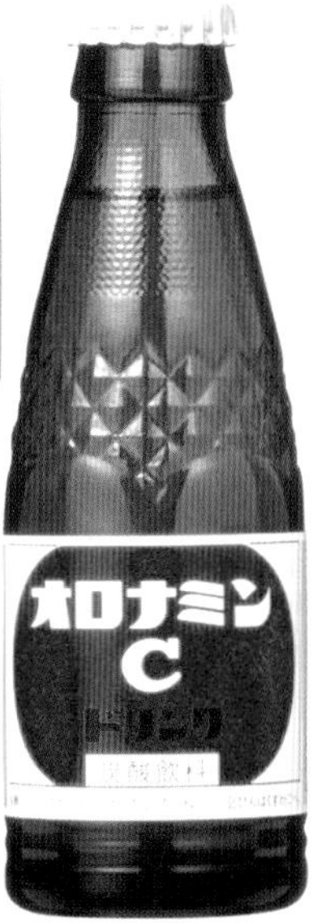

オロナミンC

1965

[大塚製薬]

ドリンク剤開発で試行錯誤を重ねていた大塚製薬が、「炭酸のさわやかさ」を糸口に「おいしいドリンク剤」を目指して発売したのが『オロナミンC』だ。あくまで清涼飲料であることから薬局での販売ができず、様々なチャネルを模索した結果、スーパーなどの小売店、遊技場、銭湯などで売られるようになった。「元気ハツラツ!」のホーロー看板も懐かしい。

飲み方いろいろ!? 伝説の懐かしCM

文字通り『オロナミンC』の看板だった大村崑。生卵を混ぜた「オロナミンセーキ」、牛乳を混ぜた「オロナミンミルク」、ウイスキーやジンで割った飲み方などを紹介した伝説のCMも思い出される。

2000~ 1997 1986 1971

ほとんど変わらない完成されたデザイン

120mlボトルのデザインは今もほとんど変わらない。一方、キャップは当初王冠だったが、1971(昭和46)年からスクリューキャップに変更。農薬混入事件が世を騒がせたことを受け、1986(昭和61)年からは一度開けると閉め直せないマキシタイプになっている。

JUICE topics
ジュース トピックス

1966年、コーラ飲料の年間消費量が4290万箱となり、サイダーの3090万箱を初めて上回る。

1965
森永マミー
［森永乳業］

『ヤクルト』『パイゲンC』と同様に、発売当時は宅配が中心だった乳酸菌飲料の『森永マミー』。ビタミンB6、ビタミンC入りで子どもから大人まで安心して飲める味として親しまれてきた。発売から半世紀を過ぎた現在はダブル乳酸菌（ヘルベティカス乳酸菌、シールド乳酸菌）で、健康をサポート。（右）発売当時のポスター。

やさしいお母さんのような『マミー』

素朴でやさしい色合いのプラ容器

1969
デーリィサワー
［南日本酪農協同］

ほどよい甘さ、爽やかな口当たりの乳酸菌飲料。半透明のプラスチック容器でフタにストローを挿して飲む、パン屋さんや駅の売店などで頻繁に見られた昔ながらの『サワー』だ。今でもコンビニなどで普通に買うことができ、気がついたら買ってしまっていた経験が何度あったことか。

かわいい動物キャラ登場！

1975

1998

1981

瓶から正式に紙パックに代わったのは1981（昭和56）年だが、その前に横長400ml徳用パックがあった。イメージキャラクター『マミーレオ』『カバノン』『ジラッフィー』は今も健在で、ほかに5体の「どうぶつ村のなかまたち」がいる。

2003

1968年12月、東京・府中で3億円強奪事件発生。1969年、アポロ11号が月面着陸。人類が初めて月に降り立つ。東大安田講堂事件発生。アニメ『サザエさん』放送開始。

~1969

CATALOG 1978頃

1978(昭和53)年頃のカタログ。『ミルクコーヒー』に続き、ブルーマウンテン入りの『ブルマンブラックコーヒー』『レモンティー』、子ども向けのオレンジドリンクがラインナップされている。

1978

1969

UCC ミルクコーヒー

[UCC]

UCCの創業者・上島忠雄が駅の売店で瓶入りミルクコーヒーを飲んでいた際、列車が来たためやむなく飲み残しの瓶を店に返さざるを得なかった…。このニガイ経験から、「いつでもどこでも手軽に飲めるコーヒーを作れないか」と思い立ったのが発想の原点だったという。1970(昭和45)年の大阪万博で話題となった。

♪いつでも どこでも UCC コーヒー

商品開発の原点となった「いつでもどこでも」の思いがそのままキャッチコピーとなった初代テレビCM。旅先や車を運転しながらでも手軽に飲める缶コーヒーは、マイカーブームの到来と見事にマッチした。

1968年、プルタブ付き缶飲料が登場。1969年、世界初の缶コーヒー飲料が発売。フジテレビが「カルピスまんが劇場」放送開始、第1作は手塚治虫原作『どろろ』。

歴代ラインナップと自販機

1975(昭和50)年冬から展開したアイス・ホット兼用の缶コーヒー自動販売機。1年中稼働できるなどの利点をアピールし普及に努めたようだ。『ミルクコーヒー』と同じ薄茶、白、赤の3色があしらわれ、購買意欲を掻き立てた。

1981
(3代目)

1986
(4代目)

1993
(5代目)

2000
(6代目)

2001
(7代目)

2003
(8代目)

2010
(9代目)

2019
(10代目)

1981(昭和56)年にモンド・セレクション金賞を受賞し、以降そのメダルがラベルに掲げられた。4代目からは『コーヒー』から『COFFEE』に。5代目以後は豆の画像がよりリアルになった。時代に合わせ、シンプルに、よりスタイリッシュなデザインへと進化している。

『ヤクルト』が香港で販売開始。果汁協会、果汁100%以外のものには「ジュース」の名称を使わないことを決定。

~1969

国産初! 缶入りトマトジュース

1933

1968

カゴメ トマトジュース

[カゴメ]

国産初のトマトジュースが登場したのは1933(昭和8)年。愛知トマト(現カゴメ)の創業者・蟹江一太郎が、栽培していた食用生トマトをジュースにして売り出した。当時は缶のラベルのような赤よりもピンクに近かったとか。戦後、高度経済成長期に忙しく駆け回るビジネスマンをターゲットに、「できる男の飲料」と広告を打ち大ヒットした。

こちらもトマトジュースの定番!

1998

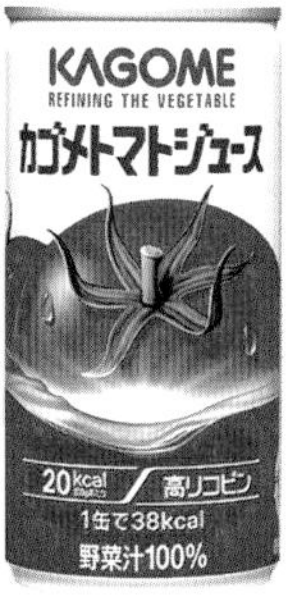

2002

1972

あまり変わらないトマトジュースの缶と思いがちだが、年代を追うごとにトマトの描き方が細かく変化しているのが興味深い。直近のものは低カロリー、高リコピンを前面に出し、健康志向が多様化する中で不動の人気を保っている。

1991

1963

デルモンテ トマトジュース

[キッコーマン食品]

野菜と果実の加工品で世界有数のブランド「デルモンテ」とキッコーマンが提携を結び、1963(昭和38)年、トマトジュースとトマトケチャップの販売を開始した。カゴメと並ぶトマトジュースの有力ブランドとなっている。

ミニ特集

ご当地 ジュース＆サイダー

構成・文／足立謙二

発売当時のボトル各種。当初は王冠が使われていたが、現在はスクリューキャップに。原料であるガラナ豆（下）は、ブラジルでは古くから“不老不死の源”ともいわれ、飲むと三日三晩踊り続けるほどのパワーが備わるとの言い伝えも。

2010（平成22）年に誕生50周年を記念して発売された復刻ボトル（230ml）。ご当地サイダーブームの後押しもあり、根強い人気を保っている。

北海道ほか

コアップ・ガラナ（日本コアップ）

1960（昭和35）年、全国清涼飲料協同組合連合会の統一ブランドとして『コアップ・ガラナ』は誕生した。タキシード姿の紳士にも見えるボトルデザインだが、京都の舞妓さんの立ち姿をイメージしているという。北海道限定と思われがちだが、関東では『喫茶室ルノアール』で飲むことができるほか、愛知県や静岡県などでも購入できる。

日本での清涼飲料の歴史は、ある意味、全国各地で誕生した〝ご当地飲料〟の歴史ともいえる。それは、火山国である我が国の各地で湧き出る名水のおかげなのかもしれない。そんな天からの贈り物とでもいうべきまっさらな水に様々な風味を加えることで、各地方独自の飲料が生まれ、人々の喉を潤してきた。それが我が国にジュース文化が栄えた大きな背景であることを今一度見つめ直してみたい。

まずは最北の大地から。北海道のソウルドリンクと呼ばれ、長年道民に愛飲されているガラナ飲料。だが、ガラナは北海道自生のものではない。遠く南米アマゾン川の流域で採取される木の実で、現地民にとって元気の源とされた。昭和30年代前半、『コカ・コーラ』の襲来に危機感を抱いた全国各地の中小飲料メーカーが、このガラナを商品化しようと大同団結して開発したのが『コ

三重

クリームソーダ スマックゴールド（鈴木鉱泉）

『スマック』の名は、スキムミルク炭酸飲料を意味する「Skim Milk Acid Carbonate Keeping」の頭文字「SMACK」から。クエン酸と加糖脱脂練乳によりクリームソーダ風味に仕上げているが、リンゴ果汁とハチミツもブレンドされている。

佐賀

クリームソーダ スマックゴールド（小松飲料）

小松飲料のラベルは、色使いがほかの『スマック』とは少し異なる。キャップには社章である扇が赤く描かれている。

広島

クリームソーダ スマックゴールド（桜南食品）

鈴木鉱泉のラベルには、同じデザインのイラストが2つ入りだが、桜南食品では片方が昔懐かしいメロンクリームソーダのイラスト。

アップ・ガラナ』だ。中でも北海道では、コーラの上陸が遅れたこともあり『コアップ・ガラナ』が定着。函館近郊・横津岳麓の湧水と、名産であるじゃがいも由来の果糖ブドウ糖など原料に恵まれたのも強みとなった。

一方、西日本各地で今なお慕われ続けている炭酸飲料といえば、クリームソーダの『スマック』（愛称）だ。広島県や佐賀県などでも製造・販売されているが、その発祥は三重県の名湯・長島温泉がある桑名市だ。大正時代から飲料の製造を続けてきた老舗・鈴木鉱泉が、喫茶店で人気だったクリームソーダに着目。東海の中小飲料メーカー同士で手を組み、1968（昭和43）年に開発。ご当地発売での好評を受け、全国から声がかかり、最盛期には統一ブランドとして33道府県で製造・販売された。流行の最先端だった憧れの味は各地で大当たりし、現在もロングセラー商品『スマックゴールド』として親しまれている。

沖縄

ヒラミ8（JAおきなわ）

沖縄の名産シークヮーサー果汁を使用した、水で薄めて飲む4倍希釈タイプの飲料。缶ジュース8本分作れることから、「8」の名が付いたとか。泡盛と割って飲むのもアリだ。

福井

ローヤルさわやか（北陸ローヤルボトリング協業組合）

北陸・福井県のソウルドリンク『ローヤルさわやか』は、1978（昭和53）年誕生。昔ながらのメロンソーダを思い出す鮮やかな緑色と、ちょっと甘めの超微炭酸が特徴。

大阪

パレード（大川食品工業）

『スマック』と同じく、海外大手飲料メーカーの襲来に備えようとの流れから誕生した『パレード』。1965（昭和40）年、各地の中小メーカーの統一ブランドとして発売された。

高知

リープル（ひまわり乳業）

1960年代発売の土佐・高知生まれの乳酸菌飲料。酸味と甘みのバランスのよい、爽やかな飲み口。人気テレビ番組で紹介され、一気に知名度が上がった。

栃木

関東・栃木レモン／イチゴ（栃木乳業）

栃木県民に長年愛され、近年はネットなどを通じて知名度急上昇だが、『レモン牛乳』はあくまで愛称。『イチゴ牛乳』には県の名産「とちおとめ」果汁が使われている。

東京

トーキョーサイダー（丸源飲料工業）

東京の下町・本所（現墨田区）のラムネ業者を源流とする丸源飲料工業が1947（昭和22）年に発売。ラベルには懐かしの旧両国国技館が描かれている。

大阪

大阪サイダー（大川食品工業）

水の都・大阪の大川食品工業が1975（昭和50）年まで製造していた『大阪サイダー』。昭和レトロブームを意識し、2006（平成18）年に復刻した。

ご当地サイダーというと、1990年代頃にブーム化した地ビールの流れから派生した新しいものと思われるかもしれないが、むしろ歴史的にはまったく逆というか、日本ジュース史の黎明の鐘を鳴らしたのが「ご当地サイダー」ムーブメントなのである。

全国に行き渡る流通網が脆弱だった明治から戦前、各地方の業者（水の質がよい地域が多い）が生産し、地元の駄菓子屋などで売られていたご当地サイダー。北は北海道から南は沖縄まで、最盛期には全国に70種類も存在したといわれる。

そんな古き良き伝統を今に伝えるように、昔ながらのズンドウ瓶や、大正ロマンをイメージさせる懐かしい（といっても生まれる遥か以前だが）ラベルが今もほぼそのまま使われていることが多い。中にはネット販売で遠隔地からでも手に入るものもある。ここではそのごく一部をご覧いただきたい。

岩手

マスカットサイダー

（神田葡萄園）

1905（明治38）年創業の神田葡萄園が1970（昭和45）年から発売。ほのかなマスカットの香りは老舗葡萄園のサイダーならでは。シュワーっと喉にくる炭酸も心地よい。

大阪

三扇サイダー

（寿屋清涼食品）

昭和20年代に発売されたサイダーの味わいを再現し、2000年頃に復刻。『三扇』と書いて「みつおうぎ」と読む。3枚の赤い扇が鮮やかに描かれているデザインが目を引く。

青森

三島シトロン

（八戸製氷冷蔵）

1922（大正11）年に発売された、青森県八戸の炭酸飲料。地元「三島の湧き水」を使用し、強めの炭酸が特徴。姉妹品『みしまバナナサイダー』も昔ながらの味で人気。

佐賀

キンセンサイダー

（小松飲料）

佐賀県唐津市で1952（昭和27）年から製造されているご当地サイダー。炭酸は弱めでスッキリした味わい。『お茶イダー』など独特なサイダーもラインナップされている。

佐賀

スワンサイダー

（友桝飲料）

昭和初期に発売された佐賀県のご当地サイダーの復刻瓶。上質のグラニュー糖を丹念に溶かし込む、昔ながらの製法で作られた。白鳥のエンブレムがかわいらしい。

1970〜'79
JUICE Chronicle OUTLINE

高度経済成長の勢いがピークに達した１９７０年代前半、大卒初任給が5年間で2・5倍に上がるなど、一般大衆の生活水準は加速度的に向上した。大阪で日本初の万国博覧会が開催されるなど夢が広がる中、人々の食生活は劇的に変化。これに合わせてジュースの世界も華やかさを増していった。

それを後押ししたのが、瓶入り中心から缶飲料へと移りゆく流れと、これに呼応した自動販売機の普及だ。自販機売りの缶飲料は当初、瓶入りのものと比べてやや高価ではあったが、持ち運びが便利で栓抜きがなくても外出先で気軽に飲めることが強み。さらにマイカー需要が高まる中で、運転しながら飲めることなども手伝って時流の波に乗った。

そんな中で飲料メーカー各社は、従来の商品にさらなるバリエーションを加えたり、それまでなかった新たな飲料開発に力を入れるなどの動きが顕著になった。戦前から愛飲されてきた『カルピス』は、炭酸を加えた缶飲料『カルピスソーダ』となって登場。『三ツ矢サイダー』も缶入りを発売するとともに『三ツ矢フルーツソーダ』を加えるなど新たな展開が見られた。すでに定番化していた『ファンタ』もラインナップに『レモン』『アップル』が登場。さらに定番の『コカ・コーラ』に続けと、『ドクターペッパー』など個性的な炭酸飲料を投入した。

一方、１９６９（昭和44）年に発売された『ＵＣＣミルクコーヒー』が鏑矢となった缶コーヒー市場には、ポッカ（現ポッカサッポロ）から『ポッカコーヒー』が参戦。飲料メーカー各社も続々と缶コーヒーを発売した。さらに『ポッカレモンティー』『日東紅茶レモンティー』など、缶入り紅茶飲料もこの時期に登場した。その背景にはポッカなどが開発した冷温兼用自販機の存在があった。

一方、合成添加物の問題が新聞やテレビのニュースなどで度々取り沙汰されるようになり、その対抗策として濃い着色をひかえたものや、天然果汁入りを強調したフルーツ系飲料が登場するなど、複雑化する消費者ニーズに対応する動きも見られた。１９７３（昭和48）年の第1次石油ショックに起因した物価高などで一度は成長が鈍化した１９７０年代後半においても、コカ・コーラが『ジョージア』ブランドを掲げ缶コーヒー市場に参戦するなど、伸び悩む日本経済を横目にジュースの世界はひるむことなく拡大を続けた。

サンキスト
Sunkist CALIFORNIA

HI·C
アップル
果汁30%

チェスタ

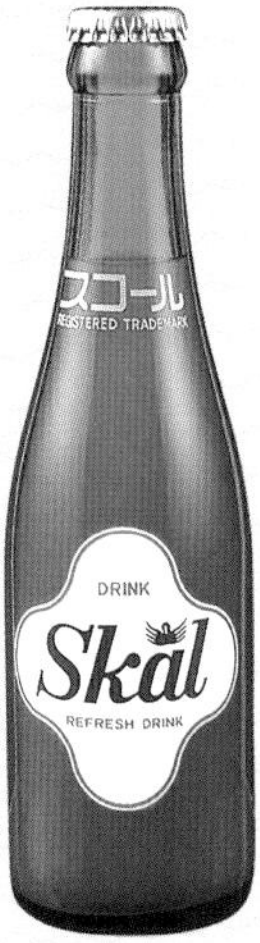
スコール
REGISTERED TRADEMARK
DRINK
Skal
REFRESH DRINK

カルピス
ソーダ

世界のコーヒー
UCC
UCCコーヒー UCCコーヒー

純珈琲
コーヒー
Coffee

ブルガリア乳酸菌と梅果汁を
ブレンド!
おいしい ミルクサワー
グリコ
スポロン
おいしいミルクサワー
グリコ
スポロン
おいしいミルクサワー
グリコ
スポロン
おいしいミルクサワー

LEMON TEA
LEMON TEA
紅茶の
レモン

GEORGIA
商標登録出願中
コーヒー飲料
ジョージア
商標登録出願中

FUJIYA
不二家レモンスカッシュ
果汁10%
FUJIYA

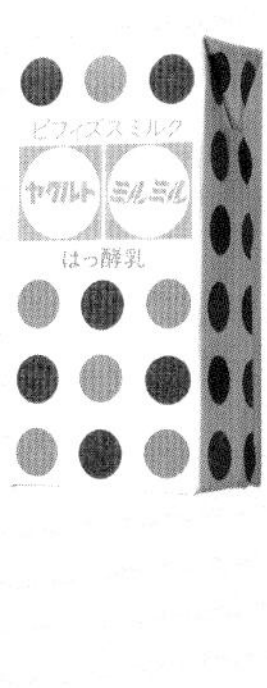
ビフィズス ミルク
ヤクルト
ミルミル
はっ酵乳

ヤクルト
ジョア
プレーン

日本初の万国博覧会が大阪で開催。東京・銀座で歩行者天国がスタート。ケンタッキーフライドチキンが日本初進出。よど号ハイジャック事件発生。

1970

いろんな味の“飲むヨーグルト”

1973
レモン

1970
ブラックカーラント

1970
マンダリン

ジョア
[ヤクルト本社]

1978
アップル

1977
パイナップル

1977
コーヒー

1976
ストロベリー

『ヤクルト』1種のみの販売だったヤクルト本社が、飲料需要の多様化や食の欧風化に応じるべく、本格的な“飲むヨーグルト”を目指したのが『ジョア』だった。「牛乳並みの栄養価」「『ヤクルト』と違う味でいろいろ楽しめる」「大人が飲んでも満足できる」「乳酸菌 シロタ株含有」をコンセプトに開発。発売2年後には、1日あたり300万本出荷と大ヒットした。

ゆるい円錐形 これが『ジョア』の形

2012
(7代目)

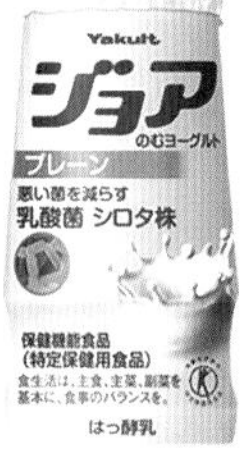

2008
(6代目)

2004
(5代目)

1999
(4代目)

1992
(3代目)

1981
(2代目)

ゆるい円錐形で下部にくびれを設けた容器のデザインは、一気にではなく味わって飲むことを狙った『ヤクルト』のコンセプトを引き継いでいる。6代目からはキャップがアルミからポリエチレン素材に変更された。

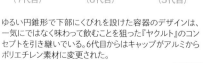

JUICE topics
ジュース
トピックス

1969年発売の『UCCミルクコーヒー』が万博会場で人気の的となる。ヤクルト本社が「サンケイアトムズ」を買収し、飲料業界初のプロ野球球団「ヤクルトアトムズ」が誕生。愛称にあやかり『鉄腕アトム』をフィーチャーした販促グッズが作られる。

1970

1970(昭和45)年、国産最古を誇る伝統ブランドが、おしゃれな若者の嗜好に合わせ、銀色のラベルとエメラルドグリーンのボトルにデザインを一新した。それまで強調していた「全糖」表記を控え、英語表記を多用。ライムベースの爽やかな味をアピールした。翌年には『三ツ矢サイダー』初の缶入りも発売。

1971

水玉模様の斬新なデザインで登場!

三ツ矢サイダー SILVER

[アサヒ飲料]

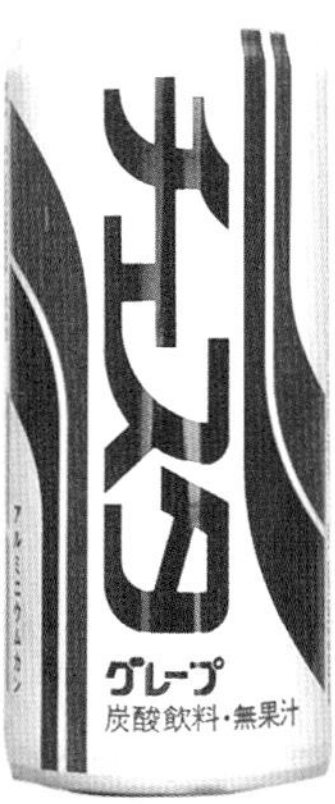

1980

1973

チェスタ グレープフルーツ

[キリン]

1970(昭和45)年に発売されたキリンの炭酸飲料。『キリンレモン』との差別化で『グレープ』と『グレープフルーツ』の2種類で展開した。浅田美代子が広告に起用され「逃さないで青春」のキャッチコピーで若者層を狙った。『キリンメッツ』発売にともない終売に。

1971

『仮面ライダー』『帰ってきたウルトラマン』が放送開始。日清『カップヌードル』発売。ジャイアントパンダのランラン・カンカン来日。マクドナルド日本上陸。

〝元気な妖精〟が日本上陸!

1990年代

1986

1981

スプライト
[コカ・コーラ]

本国アメリカで『スプライト』が生まれたのは1961(昭和36)年。最初は『セブンアップ』の対抗商品として発売されたとか。名前の由来は、「元気」を意味する「Spirit」と「妖精」の「Sprite」から。1971(昭和46)年に日本上陸。小さいくぼみを並べたグリーンの半透明ボトルは、炭酸のはじける泡とクールで爽やかな味を表現した。あまりに暑い日は、コーラよりも『スプライト』をチョイスしたい?

1980年代

ブランドロゴをリニューアル!

1988

1988(昭和63)年、『Sprite』のアイの字に赤い丸を使用し、発売以来のブランドロゴをリニューアル。1990(平成2)年には赤い丸が「ライムとレモン」のデザインへと変更された。

JUICE topics ジュース トピックス

東京・銀座にマクドナルド日本１号店がオープンし、ハンバーガーなどと並んで『マックシェイク』が注目の的となった。この頃、学校給食の飲み物が脱脂粉乳から牛乳へと転換する動きが加速した。明治『パイゲン C』が『仮面ライダー』キャンペーンを展開。

2004

2004

1996

1993

1991

1990年代〜2000年代 Pikc Up!

1990年代には、ライムとレモンを強調した酸味の強い味の『クールレモン』『クール』などを発売。2000年代になると次々と新しいフレーバーや強炭酸のボトル缶を投入するなど、時代とともに変化し続けている。

2009

2008

2007

2006

2005

サンキストタンサン

オレンジ／レモン

［森永製菓］

森永製菓が米サンキスト社の商標使用権を獲得し、1971（昭和46）年に発売したフルーツ炭酸飲料。酸味が強めで、大人向けのテイストで人気となった。オレンジとレモンをイメージした原色と炭酸の気泡によるデザインは、まさに1970年代ファッションのセンスだ。

札幌冬季五輪が開催。あさま山荘事件。アニメ『マジンガーZ』放送開始。ジャイアントパンダのランラン・カンカンが上野動物園でお披露目、大人気に。

1972

夏は冷たく 冬は温かくHOTで！

4 SELECTION

缶入り『ポッカコーヒー』を1年中飲んでもらおうと、商品企画と同時に開発が進められ1973（昭和48）年に完成したのが世界初の冷温式缶飲料自販機だった。自販機から出てきたばかりの缶が熱すぎて持てないことがないよう、適温を探り当てるのに苦労したという。

1973

ポッカコーヒー

[ポッカ(ポッカサッポロ)]

POSTER 1973

缶飲料はコーヒーを含めて250mlサイズが常識だった当時、『ポッカコーヒー』は質を高めつつどこでも気軽に飲める缶入りコーヒーを目指し、あえて小さな190gサイズで発売された。初代のデザインは、缶コーヒーを手にゴーゴーを踊る若者たち。今や定番の"顔缶"登場は1973（昭和48）年から。

NOWな本格派！"顔缶"で登場!!

JUICE topics ジュース トピックス

『マジンガーZ』の合間に流れた『オロナミンC』のCMで、ミルクや卵を混ぜた奇抜な飲み方が紹介され小学生の間で論議を醸した。札幌五輪を記念して、『ペプシ・コーラ』『ミリンダ』が王冠をめくると競技のアイコンや出場国の国旗などが出てくるキャンペーンを実施。

歴代ラインナップ

1973(昭和48)年登場以来、『ポッカコーヒー』の顔として半世紀にわたりラベルに描かれている「男」だが、時代とともに少しずつ変化している。当初はモミアゲが長め。1980年代後半頃から短くなり、爽やかなイケメンになってきた。

1978

1982

1987

1992

1994

1999

2001

2004

2006

2009

2013

2019

東北自動車道が開通。日中国交正常化。元日本兵・横井庄一さんがグアムから帰国。沖縄が本土復帰。山本リンダ『どうにもとまらない』が大ヒット。

1972

日本初の乳性炭酸飲料が誕生！

1973

戦後、学校給食が普及する一方で牛乳嫌いの子どもたちが増えていることに懸念を抱いた当時、南日本酪農協同の初代社長が偶然こぼれて混ざってしまった牛乳とサイダーをヒントに商品開発に着手したのが、初の乳性炭酸飲料『スコール』だった。スコールはデンマーク語で「乾杯」を意味し、熱帯地域で降る夕立もスコールを意味することから、喉の渇きを潤す飲料をとの思いで命名された。キャッチコピーは「愛のスコール」。

スコール
[南日本酪農協同]

美女と乾杯！

満を持して発売した『スコール』だったが、乳製品と炭酸という未知の組み合わせが受け入れられなかったのか、当初は大苦戦。そこで、瓶の王冠裏にクジを付けると、これが子どもたちに大ヒット。外国人女性モデルを起用した大胆なCMも話題となり、九州など西日本を中心に人気となった。

瓶の色には青や茶もあった!?

正式発売前、瓶は緑、青、茶色の3種類が用意された。先に決まっていたロゴのデザインとの相性のよさや商品の爽やかなイメージを考慮した結果、緑の瓶に決めたという。『スコール』といえば緑のボトルが即思い浮かぶが、青を選んでいたらどうなっていただろうか。

JUICE topics ジュース トピックス

サントリーが業界初の500ml入り缶ビールを発売。ロッテがハンバーガーチェーン『ロッテリア』1号店を東京・日本橋に出店。ロッテシェーキが「ひんやりさわやか」と評判に。

カラフルな「信号機シリーズ」も登場！

1978

1978（昭和53）年、定番の『スコール（緑）』に加え、『スコールレモン（黄）』『スコールアップル（赤）』を発売。「信号機シリーズ」とも呼ばれ親しまれた。このシリーズ発売を機に、様々なフレーバーが誕生。『マスカット』『パイン』『サイダー』ほか、『つぶつぶみかん』などもラインナップに加わった。

歴代ラインナップ

発売から15年後の1987（昭和62）年に1.5lペットボトル入りが登場。1991（平成3）年には245ml瓶入りがスクリューキャップ化された。缶入りも大容量版が登場するなど多彩なサイズで展開。1999（平成11）年にはロゴマークを全面リニューアルし、パッケージもすべて新しいデザインに。

1987

1991

1996

1998

1999

2002

2002

2006

映画『日本沈没』が大ヒット。五島勉著『ノストラダムスの大予言』がベストセラーに。ユリ・ゲラーが来日するなどオカルト・超能力ブームが到来。第1次オイルショックにより物価高騰。

~1973

1972

カルピコ
グレープソーダ／プラムソーダ

[カルピス(アサヒ飲料)]

創業以来、希釈乳酸菌飲料一筋で通してきたカルピス(現アサヒ飲料)が初めて投入した缶入り果汁炭酸飲料。『プラムソーダ』は当時ほかにない味で人気だった。

新デザインのプリント瓶に!

三ツ矢サイダー

[アサヒ飲料]

1972(昭和47)年、『三ツ矢サイダー』がプリント瓶になり、従来のイメージを刷新。瓶のデザインは、青地に矢羽根を白く抜き、より透明感が強調された。

1973

のちには
こんな仲間も!

カピーホワイト

[カルピス(アサヒ飲料)]

1982(昭和57)年発売の乳性アルカリ飲料。『カルピス』との差別化を意識し青白のストライプを採用。

1974　1980　1984

カルピスソーダ

[カルピス(アサヒ飲料)]

薄めずそのまま飲める『カルピス』を目指し、炭酸飲料のほうが需要が見込めるとして生まれたのが『カルピスソーダ』だった。特約店ルートで首都圏限定販売からスタート。『ペプシコーラ』系の流通による瓶入りもあり、飲食店など業務用に出回った。

JUICE topics ジュース トピックス

前年からのインフレ加速とオイルショックによる物価高騰で対応に追われた飲料業界では、『カルピス』などが値上げを敢行。販売価格の上昇を最小限にとどめるべく、生産システムの見直しなどで原料高騰によるコストアップ分を吸収、急場をしのいだ。

1973

三ツ矢 フルーツソーダ
グレープ／プラム
[アサヒ飲料]

1974

“三ツ矢”を冠した『フルーツソーダ』誕生!

1979

炭酸飲料競争が激化した1970年代、ラインナップ強化を狙って発売した『三ツ矢』を冠した果汁炭酸飲料。『グレープフルーツ』を皮切りに『プラム』『グレープ』『レモン』と矢継ぎ早に投入された。

三ツ矢 フルーツソーダ
[アサヒ飲料]

キリンレモン
[キリン]

缶ビールでは1971(昭和46)年から実用化されていたアルミ製をソフトドリンクで初めて採用した『キリンレモン』250ml缶。

1989

HI-C
アップル／オレンジ
[コカ·コーラ]

「高い(high)ビタミンC」から名付けられたアメリカ生まれの果汁飲料。日本では1973(昭和48)年に『オレンジ』、翌年に『アップル』が発売された。当初は果汁飲料50%を売りに大ヒット。1980年以降、清涼感を狙った果汁抑えめのものや果汁100%の『HI-C100』など多様化した。

1974年、巨人・長嶋茂雄が現役引退。翌年監督になるも球団初の最下位に。ダビンチの「モナリザ」が日本国立博物館で初公開される。1975年、山陽新幹線が博多へ延伸。

1973

1992

オリエンタル・グアバー

[オリエンタル]

「オリエンタル坊や」で知られる即席カレーの老舗が地場の名古屋・中京地区を中心に発売した飲料。南陽フルーツの味など想像もつかなかった頃の画期的すぎた商品だが、現在もネットで買える。

1991

ベルミーコーヒー アメリカン

[カネボウ食品(クラシエフーズ)]

カネボウ食品(現クラシエフーズ)が1973(昭和48)年頃に販売した『ベルミー』ブランドの缶コーヒー各種。ラベルにはコーヒー豆が描かれているが、1977(昭和52)年には実際の豆が缶底に仕込まれレトルト時の加熱を利用してコーヒーを抽出するという荒技商品も存在した。

ブラックコーヒー

[UCC]

コーヒー農場の農夫のおじさんが目印の『ブラックコーヒー』。仕事の合間に一服しているイメージだろうか。この当時の缶コーヒーは、「ブラック」といっても加糖であった。

トマトにいろんな野菜をミックス!

2017

2002

1992

1979

トマトジュースのリーディングカンパニーとなったカゴメが、海外の製品を参考に発売した本格派野菜ジュース。1970年代半ばに放送された、畑仕事をしているお母さんが「野菜をう〜んと食べにゃダメじゃないか」と息子に呼びかけるテレビCMが話題になった。

カゴメ野菜ジュース

[カゴメ]

JUICE topics
ジュース
トピックス

1974年、セブン - イレブン1号店がオープン。飲料販売の新たなチャネルに。1976年、ポッカが初の温冷兼用自販機を開発。この頃、大塚製薬『オロナミンC』のCMに柴田、高田、小林ら巨人軍の選手を起用、キャッチコピーは「小さな巨人です」。

1988

1982

1981

賛否が分かれる!?
独特な風味

ドクターペッパー
［コカ・コーラ］

米テキサス州の薬剤師ウェード・モリソンが経営するドラッグストアで変わった清涼飲料をと発明したのが『ドクターペッパー』。名前はモリソンの叔父で医師のチャールズ・ペッパーにちなんだという。

1990年代
デザイン

珍しい瓶入りも!

日本では1973（昭和48）年、東京コカ・コーラボトリングで販売を開始。コーラ飲料とは一味違う、20種類以上のフルーツなどをブレンドした独特な風味は賛否分かれるも、コアなファンが少なくない。

ミスター・ピブ
［コカ・コーラ］

『ドクターペッパー』上陸の直前にコカ・コーラが発売していた、よく似た風味の炭酸飲料。関東地区と沖縄で売られたが短命に終わった。右の缶は1994（平成6）年のアメリカ版。

1977年、漫画『サーキットの狼』がヒットしスーパーカーブームが到来。映画『宇宙戦艦ヤマト』が大ヒット。青酸コーラ無差別殺人事件が発生。

~1975

1973・74

1974

マイコーヒー

[明治屋]

老舗明治屋のブランド『My』シリーズから発売された缶コーヒー飲料。一部地域では、『コカ・コーラ』の自動販売機などで販売されていたこともある。

ブルガリア乳酸菌と梅果汁をブレンドした、爽やかな味わいの子ども向けミルクサワー『スポロン』。新発売当初のパッケージには、かわいらしいスポロン坊やのイラストも。

1973

スポロン

[グリコ乳業(江崎グリコ)]

1996　1974

甘酒

[森永製菓]

1969(昭和44)年に徳利状の瓶入りで発売された『森永甘酒』が缶で登場。酒粕と米麹によるダブル発酵素材を使用した。その後、しょうが入りやスパークリングタイプ、冷やし専用などもラインナップ。

1973　1973

オレンジ オレンジ (つぶつぶみかん)

[井村屋]

コーヒーソーダ ドリンクス

[井村屋]

超硬い棒アイス『あずきバー』などで知られる井村屋が発売した飲料シリーズ。粒入りオレンジジュースの走りの一つで大ヒットした。『コーヒーソーダ ドリンクス』の味も大変気になる。

日本コカ・コーラがスーパーカー王冠キャンペーンを実施し大ブームに。王貞治が本塁打世界新記録を樹立し、イメージキャラクターとなっている『ペプシ・コーラ』がにわかに人気に。

~1969
1970~79
1980~88
1989~99
2000~18

1975

『ネクター』と並ぶ不二家の飲料部門におけるエースというべき『レモンスカッシュ』。酸っぱいレモンの果肉と、キリッと鋭い炭酸のダブル刺激は時代に突き刺さった。

レモンスカッシュ
[不二家]

キャンティコ レモンティー
[三井農林]

レモンティー
[UCC]

UCCが自社開発の冷温兼用自販機を導入したのに合わせて登場した缶入り『レモンティー』。かなり甘い味だった。

CATALOG 1975

小田急ロマンスカーなどでもおなじみだった『日東紅茶』ブランドから発売された缶飲料『キャンティコ』シリーズ。『レモンティー』『ブランディーティー』『コーヒー』の3種で展開した。1980年代には『コーラ』もあった。

1978年、映画『スターウォーズ』が1年遅れで日本公開。キャンディーズが解散。音楽番組『ザ・ベストテン』放送開始。ディスコブーム。

1975

缶コーヒー『ジョージア』誕生！

1995

1993

1991

コーヒーオリジナル
［コカ・コーラ］

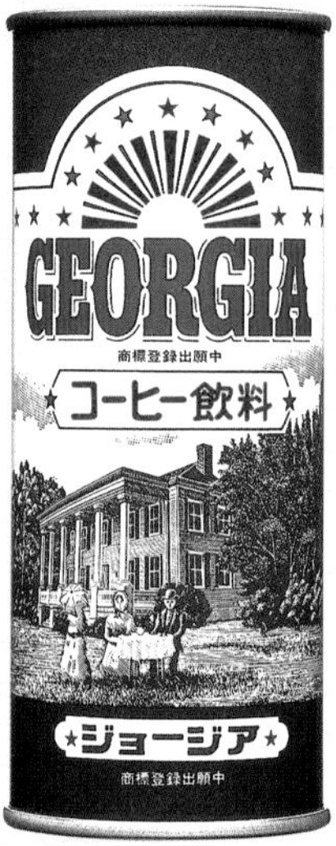

ジョージア
コーヒー飲料
［コカ・コーラ］

コカ・コーラが国内独自ブランドとして立ち上げた缶コーヒーブランド『ジョージア』。缶コーヒーでは後発ながら、自動販売機での販売により短期間でシェアを拡大。マイルドな甘みで子どもから大人まで飲みやすいコーヒーとして大人気に。商品名は、コカ・コーラの本社がある米・ジョージア州からのネーミング。

「アイス」に「カフェ・オ・レ」も登場！

1993

1991

カフェ・オ・レ プレミアム
［コカ・コーラ］

1994

1994

1991

カフェ・オ・レ
［コカ・コーラ］

1991

アイス
［コカ・コーラ］

1991（平成3）年には、『アイス』や『カフェ・オ・レ』も登場。1994（平成6）年には牛乳分25%の『カフェ・オ・レ』製品が関西地区で発売。赤いパッケージの『無糖カフェ・オ・レ』は北陸で限定販売された。

JUICE topics ジュース トピックス

1977年にスーパーカー王冠で話題をさらったコカ・コーラが、今度は『スターウォーズ』王冠キャンペーンを開催。ヤクルトスワローズが初の日本一となり、ヤクルト本社による優勝セールや文房具ほか記念グッズがもらえるキャンペーンなどが実施された。

テイストや
缶の色も豊富に！

1994
カフェ イタリアーノ
コーヒー
［コカ・コーラ］

1991
カプチーノ
コーヒー
［コカ・コーラ］

1991
モカブレンド
コーヒー
［コカ・コーラ］

1991
ブレンド
コーヒー
［コカ・コーラ］

1989
テイスティ
コーヒー
［コカ・コーラ］

缶コーヒーは、「コーヒー」をイメージさせる茶色系の缶が多い中、紺色系の『テイスティコーヒー』が登場。その後も、赤の『カプチーノ』、緑の『イタリアーノ』など、味や缶の色のバリエーションも豊富に。

姉妹商品も！

1991
ジョージアクラブ
ココアドリンク
［コカ・コーラ］

1986
ジョージア
ミルクティー
［コカ・コーラ］

姉妹品として、コーヒー以外の飲料も発売されていた。1986（昭和61）年には、『ジョージア ミルクティー』、1991（平成3）年には『ジョージアクラブ ココアドリンク』も発売。

マックス
コーヒー
［コカ・コーラ］

1993

1991

『ジョージア』ブランドでも『ジョージア マックスコーヒー』を販売。加糖練乳を使用しているため、『コーヒーオリジナル』に比べると甘みが非常に強いのが特徴。

1975
マックスコーヒー
［利根ソフトドリンク（コカ・コーラ）］

コカ・コーラの『ジョージア』立ち上げと同時期に、利根コカ・コーラボトリング（現コカ・コーライーストジャパン）が千葉・茨城限定で発売した缶コーヒー飲料。千葉県民のソウルドリンクである。

1979年、アニメ『機動戦士ガンダム』放送開始。ソ連がアフガニスタンへ侵攻。ソニーが携帯カセットプレーヤー「WALKMAN」発売。

~1979

1976・77

見た目もそのまま〝アメリカン〟！

1976

1976（昭和51）年はアメリカ独立200年に当たり、日本でもちょっとしたブームとなった。星条旗が大きく描かれたデザインは、そのブームに乗っかったのかもしれない。味は名前の通りマイルドだった気がする。

1977

1977（昭和52）年、三ツ矢ベンディングが自動販売機用の商品として発売した缶コーヒー。「三ツ矢」を英訳し、「スリーアロー」という商品名に。自販機専用のため知名度は高くなかったようだ。

スリーアローコーヒー
［アサヒ飲料］

アメリカンコーヒー
［UCC］

アサヒビール専売酒店の軒先などに置かれたのだろう。『三ツ矢サイダー』各種や、『バャリース』『スリーアローコーヒー』、さらにかなりレアな『ミルクセーキ』も並んでいる。

カラフルで楽しい自販機のラインナップ

UCCの自販機販促パンフレット（左）と1982（昭和57）年頃導入された500円硬貨対応の自販機。コーヒー各種のほか、炭酸飲料やつぶつぶドリンク、『コーンポタージュ』などスープ類もあり、日本独自の自販機文化が開花した様子がうかがえる。

JUICE topics
ジュース
トピックス

紀文食品(現キッコーマン)が豆乳飲料を初めて商品化しブームとなる。この頃、大正製薬のドリンク剤『リポビタンD』の「ファイト一発」CM開始。初代キャラクターは勝野洋と宮内淳。青酸コーラ事件をきっかけにリターナブル瓶自販機が激減へ。

1977・78

1978

ミルミル

[ヤクルト本社]

ミルクをヤクルト独自のビフィズス菌で発酵させた飲むヨーグルト。クレイアニメによる手間のかかったテレビCMも印象的だった。2005(平成17)年に終売したが、2010(平成22)年に復活した。

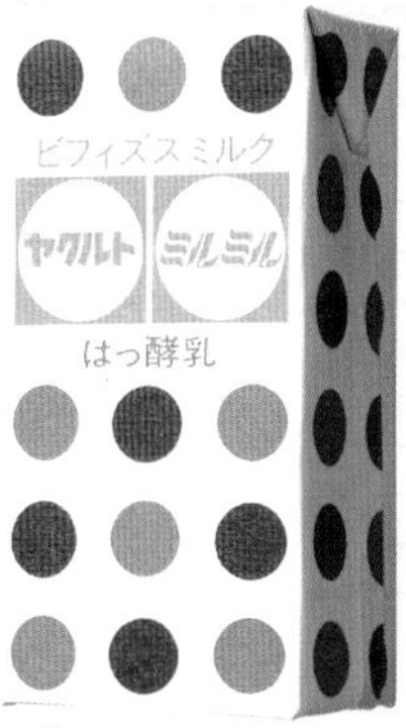

1977

リボンコーヒー

[サッポロ(ポッカサッポロ)]

『三ツ矢』ブランドと並ぶ古豪『リボンシトロン』のサッポロビール(現ポッカサッポロ)もほぼ時を同じくしてコーヒー飲料を発売した。こちらは希釈用タイプ。

1979

不二家コーヒー

[不二家]

1970年代ファッションを彷彿させる、筆記体調にデザインされたロゴや色合いがおしゃれ。カタログでは、「さわやかブレンド」と謳いアピールした。

果物の帽子をかぶった女の子が目印

1978

マイエード

グレープフルーツ/パイナップル/オレンジ

[明治屋]

『My』ブランドから発売された果汁10%の飲料『マイエード』シリーズ。写真の250g缶のほか、1000g缶もあり、当時は贈答品としても重宝したようだ。果物の帽子をかぶった女の子の絵が上品さをアピール。1990年代には1.5lペットボトル入りも発売された。

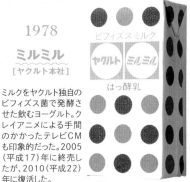

JUICE topics
ジュース トピックス

合成樹脂容器（ペットボトルなど）の使用検討始まる。コーラ飲料の生産量が116万klと最ピークに。

1979

キリンオレンジ70

［キリン］

『キリンレモン』と並ぶ伝統ブランドもアルミ缶に一新。果汁多めの『キリンオレンジ70』は、1978（昭和53）年にJALの機内サービス用として製造開始し、翌年から一般販売された。写真には『キリングアバ』の姿も。

キリンレモン

［キリン］

アルミ缶で他社に先行していた『キリンレモン』に大容量500mlサイズが登場。パーソナル向けに発売した『キリンメッツ』とのすみ分けを意識したファミリーサイズとしてラインナップさせた向きもありそうだ。

キリンメッツ グレープフルーツ

［キリン］

ファミリー志向が強かった同社飲料のイメージを一新すべく、若者をターゲットに絞り強い炭酸と刺激的なグレープフルーツ風味で勝負に出た炭酸飲料。1980年代に隆盛を極めるシトラス系炭酸飲料ブームのきっかけを作った商品に位置付けられる。

右で紹介した『エード』シリーズのほか、ロングセラーの『ネクター』4種に『つぶつぶみかん』や『サイダー』もあった。見たところ缶切りで開けるタイプだったのだろうか？

パインエード／ピーチエード／オレンジエード

［サンヨー堂］

古くからフルーツ缶詰や『ネクター』を販売していたサンヨー堂が発売した果汁10%の『エード』シリーズ3種。高級感のあるデザインで、贈答品需要にも対応したと思われる。

懐かしの飲料自販機コレクション

写真：魚谷祐介

超省エネ型やキャッシュレス決済対応型など、現在は多機能なタイプの飲料自販機が続々と誕生。そんな中にあって、メンテナンスや修理を繰り返しながら大事にされ、現役で稼働する昭和時代の飲料自販機も少数ながら存在する。その筐体はどこか懐かしくも愛おしい。

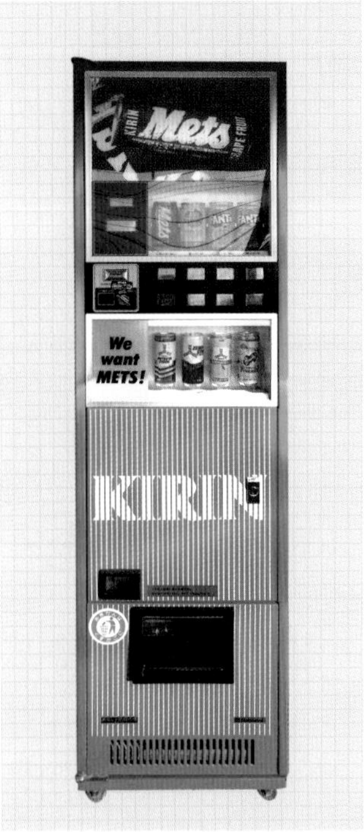

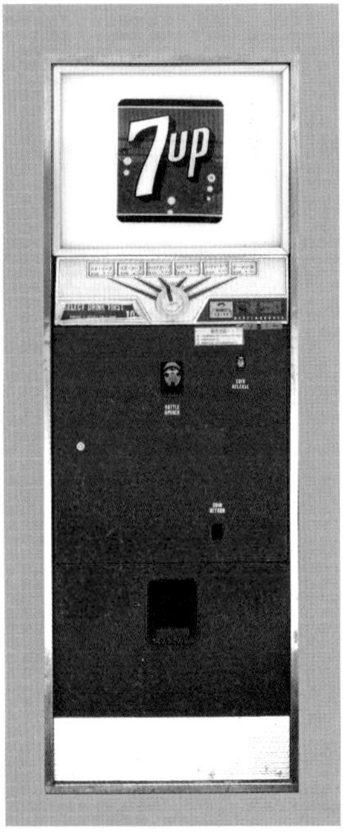

『明治スカット』『不二家ネクター』『キリンメッツ』『ペプシコーラ』『セブンアップ』の専用自販機。商品のロゴを目にしただけで、無性に炭酸飲料やジュースが飲みたくなる。

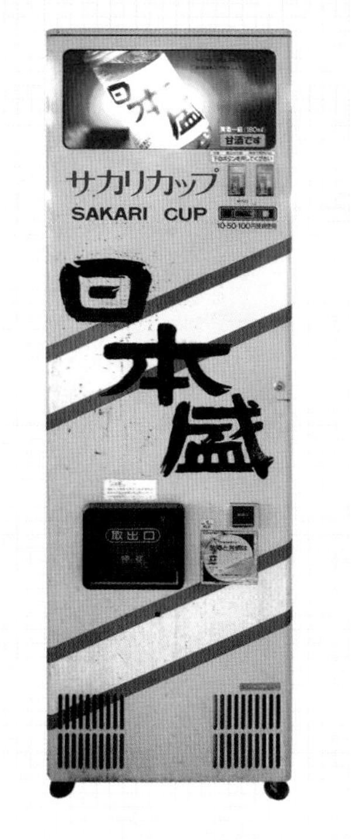

『月桂冠』『日本盛』など日本酒のワンカップ自販機や、パック入り飲料の専用自販機などは今や絶滅危惧種でもある。コンビニがなかった時代には大活躍したことだろう。

1980~’88

JUICE Chronicle OUTLINE

　21世紀の足音がかすかに聞こえてきた１９８０年代、ジュースの世界は新たな段階を迎えた。キーワードは「無糖」と「健康」だ。１９８０（昭和55）年、日本茶の大手・伊藤園が世界初の缶入り『ウーロン茶』を発売した。緑茶とも紅茶とも違う苦みと渋みは、食後の胃袋を和らげるなどの反響から、飲食店などの需要を糸口に市場は徐々に拡大。サントリーの『サントリー烏龍茶』、宝酒造からは『鐵観音』、コカ・コーラの『ジョージア烏龍茶』にアサヒ飲料の『ウーロン茶鉄観音』など、立て続けに参入。さらに伊藤園からは『ジャスミン茶』などのバリエーションも加わり、中国茶勢はまたたく間に国内ソフトドリンク市場の一大ジャンルを形成。そして、中国茶ブームに対抗するように、ポッカサッポロの『ミネラル麦茶』や、カゴメの『六条麦茶』など、日本伝統のお茶類が缶発売された。無糖ではなかったが甘さひかえめで大ヒットとなったキリンの『午後の紅茶』の登場も、この流れに影響を受けたといえるだろう。

　一方、「健康」を旗印に登場したのが大塚製薬の『ポカリスエット』だった。それまでの缶飲料になかった青と白という配色と、アイソトニック飲料なる白色半透明で、フルーツ味などの形容詞が付かないまったく新しく不思議な味に当初戸惑う消費者も少なくなかった。だが、より飲みやすい味にしたことで、運動後の水分補給やアルコールを飲んだ翌朝の癒やしなどのニーズで徐々に需要が拡大した。

　そして、より飲みやすい味を謳った『アクエリアス』や『TERRA』、海外の異ジャンルブランドと提携した『NCAA』『ウイルソン』などが発売され、黎明期のスポーツドリンク市場を形成することになる。

　さらにもう一つ、１９８０年代を通じて顕著となったのがシトラス系炭酸飲料の熾烈な販売競争だった。最初のきっかけは１９７９（昭和54）年に発売された『キリンメッツ グレープフルーツ』。この大ヒットに続かんと、チェリオから『スィートキッス』、ペプシコの『マウンテンデュー』、コカ・コーラからは『メローイエロー』、そしてサントリーの『ジェットストリーム』にキリンの『キリンレモン２１０１』などなど、無数の競合商品が登場した。

　当時日本はアイドル歌手全盛時代ともあって、１９８０年代を彩った人気若手歌手らをＣＭキャラクターに使い、若者をターゲットとする傾向が目立った。

Amazing
Sa
Refreshing
Su
Ke
ノン カフェイン
スイートキッス
あゝ
未知の味
250ml
ISOTONIC DRINK
AQUARIUS
500g
TRADE MARK REGD.
ポカリ スエット
イオン飲料・アルカリ性
KIRIN LEMON 2101
NET CONTENTS: 250ml
ALL ALUMINIUM CAN
MARKETED BY KIRIN BREWERY CO., LTD. TOKYO, JAPAN
キリンレモン
炭酸飲料/無果汁
国産
Jet Stream
Exotic Citrus
果汁1%
メロー イエロー
果汁1%
A brand-new thirst quencher for those who love sports
SUNTORY
Sports Drink
NCAA
THE NATIONAL COLLEGIATE ATHLETIC ASSOCIATION
300ml
Under The National Collegiate Athletic Association License
Developed and Distributed by Suntory Limited
Suntory
POP
Muscat
伊藤園
ジャスミン茶
Jasmine Tea
無糖・無着色
自然健康飲料
伊藤園
煎茶
無糖・無着色
自然健康飲料
烏龍《ウーロン》茶
SUNTORY OOLONG TEA
且有益於健康之飲料。
最適於運動後或吃完油膩
菜餚後飲用。
グリコ
高原の岩清水&レモン
Piknik
ピクニック
YOGO ヨーゴドリンク
清涼飲料水
200ml

1980

山口百恵が三浦友和との婚約を発表し引退。松田聖子がデビュー。モスクワ五輪が開催されるも日本は西側諸国とともにボイコット。王貞治が現役引退。

ポカリスエット

[大塚製薬]

これまでドリンク類に使われなかった青と白のツートンカラーに、アルカリイオン飲料という耳慣れないジャンルを謳って登場した水分・電解質補給の健康飲料の元祖。甘くなく、なじみのない不思議な味が受け入れられるまでには時間がかかった。だが、あらゆる汗のシーンでの水分・電解質補給の必要性を伝える活動の成果もあり、定番ドリンクの仲間入りを果たした。

“ポカリ”で水分補給は今や常識！

歴代ラインナップ

初代は250mlスチール缶入りと粉末タイプで登場。1985（昭和60）年登場の570mlボトルは印象深い。90年代に入るとペットボトル入りが主流に。2007（平成19）年に登場したエコボトルは、大塚製薬が約1年の試行錯誤の末たどり着いた「陽圧無菌充填方式」により、従来容器の約30%軽減化を実現した。

2007

2004

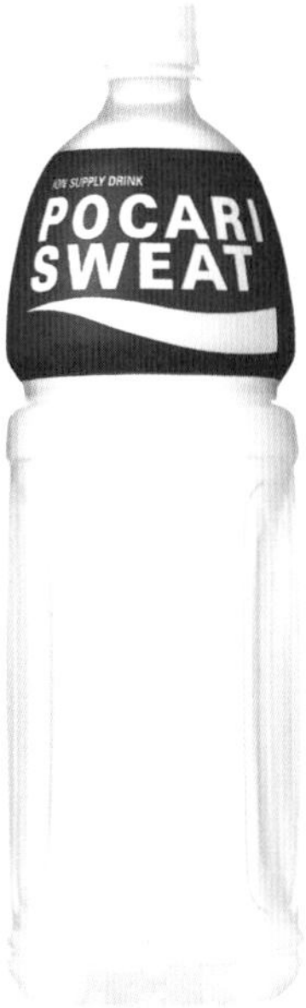

1990

1988

1985

JUICE topics ジュース トピックス

ロックミュージシャンの矢沢永吉が『コカ・コーラ』のCMに登場し『THIS IS A SONG FOR COCA-COLA』を歌う。ドリンク剤『アルギンZ』（味の素）のCMに若山富三郎が登場。キャッチフレーズは「男には男の武器がある」。

人気ガムが進化してドリンクに!?

クイッククエンチ

［ロッテ］

1978（昭和53）年に発売した『クイッククエンチガム』のヒットに乗り、同じブランドによるシトラス系炭酸スポーツ飲料として登場。レモン10個分のビタミンCを含有し、海外勢の粉末タイプが席巻していたスポーツドリンク分野に進出した。飲みやすさで勝負に出て大ヒットとなった。

1991

1984

愛称"カロメ" 飲むバランス栄養食

1983

2000

大塚製薬が『ポカリスエット』に続いて1983（昭和58）年に投入したのが『カロリーメイト』だ。ブロックタイプと缶入りのドリンクタイプがあり、缶入りは当初ミルク味とコーヒー味が発売され、のちにココア、カフェオレなどが加わった。どこでも短時間で補給できるバランス栄養食というコンセプトを掲げたが、ドリンクタイプは当初かなり苦戦。全国に100名の専任担当者を配置し、スポーツシーンを中心に製品価値を粘り強く説明してまわり、徐々に認知された。

2019

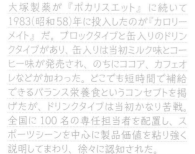

1980

漫才ブーム。牛丼の吉野家が倒産。ジョン・レノンが暗殺される。任天堂『ゲーム&ウォッチ』発売。ロッテ・張本勲が3000本安打達成。初代林家三平急死。

タフマン

[ヤクルト本社]

乳酸菌飲料の宅配が主軸のヤクルトが本格的飲料事業に乗り出す一環で登場。高麗人参エキスが売りの栄養ドリンクで、伊東四朗のCMが印象的だが、発売当時のイメージキャラはスワローズの武上四郎監督だった。

トマト&レモン

[カゴメ]

当時カゴメが打ち出していた『食塩無添加100%トマトジュース』にレモン果汁をブレンドし酸味の効いた大人の味に。CMでは女優・多岐川裕美を起用し「酸っぱいこと、したい」と意味深なキャッチで青少年を刺激した。

CATALOG 1980

1980(昭和55)年の不二家のコーヒー飲料のカタログ。「Coffee」のロゴデザインは『ミルキー』に通じるセンスを感じる。70年代半ばに登場したコーヒー飲料はミルク入りで甘みを強調した250gサイズが主流だったが、この頃からコーヒーらしさを強めた190g缶ブレンドコーヒーが人気となった。

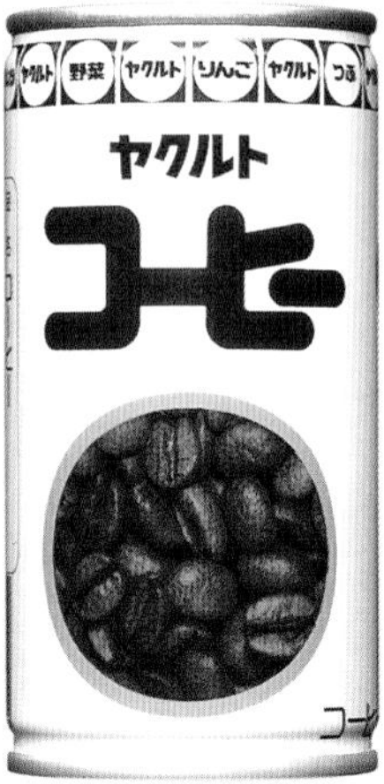

コーヒー

[ヤクルト本社]

ヤクルト本社が発売したコーヒー飲料。『ヤクルト』や『ジョア』のように宅配で買うことができた。缶の縁に「ヤクルト」「野菜」「りんご」などのロゴが描かれているのが興味深い。

東京・原宿駅前の表参道沿いにドトールコーヒー1号店がオープン。1杯150円で本格コーヒーが飲めるセルフショップ形式の草分け的存在に。この年、ビール系メーカーの透明炭酸飲料シェアは『三ツ矢サイダー』47%、『キリンレモン』46%。

ウーロン茶

[伊藤園]

世界初の缶入りウーロン茶として登場し、中国茶飲料ブームの火付け役となった。発売当初は営業マンらが夜の歓楽街を回り、ウイスキーなどお酒の割り物として販路を開拓していったという。

ラムネード

[ダイドードリンコ]

水色地に白いつぶつぶの泡をあしらった清涼感あふれるデザインでアピール。ラムネといえばサイダーと並ぶ伝統的炭酸飲料だが、ビー玉入りの瓶のイメージが強く、缶飲料は意外と少ない。

ミルクセーキ

[ビーボ]

おしるこ

[ビーボ]

グレープフルーツ

[ビーボ]

うめネクター

[ビーボ]

つぶつぶオレンジpipi

[ビーボ]

『グレープフルーツ』に『ミルクセーキ』『うめネクター』『つぶつぶオレンジ』『おしるこ』と、個性派ドリンクを取り揃えたビーボのドリンク群。自販機のみでの販売で全国に販路を広げた。タバコ屋の軒先や路線バスの停留所などに置かれ、隙間需要に対応していた。

1981

英チャールズ皇太子とダイアナ妃が結婚。中国残留孤児が帰国。黒柳徹子著『窓ぎわのトットちゃん』がミリオンセラーに。ピンク・レディーが解散。

シトラス系微炭酸の“山のしずく”

1994

1991

アメリカで1958（昭和33）年に誕生し、本来は主にウイスキーのミキサーとして売られていたが、ペプシコ（現サントリー）を通じてこの年日本上陸。口当たりのよいシトラス系微炭酸飲料の先駆け的存在で、落としても割れないプラスチックボトル（1.25l）入りも話題になった。

マウンテンデュー
［ペプシコ（サントリー）］

キリンメッツ
グレープ
［キリン］

人気ドリンクに定着した『キリンメッツ』に『グレープ』が追加ラインナップ。当時の『メッツ』の存在感は圧倒的で、看板ブランドだった『キリンレモン』が霞むほどの勢いさえ感じられた。

ファンタ
レモン／オレンジ
［コカ・コーラ］

1970年代中頃から神奈川県など一部地域で限定販売されていた『ファンタレモン』が全国販売を開始。80年代を通じて繰り広げられるシトラス系炭酸ブームの一翼を担うことになった。

JUICE topics
ジュース トピックス

コカ・コーラが初の小瓶入り栄養炭酸ドリンク『リアルゴールド』を発売。藤岡弘、の体を張ったテレビ CM が話題に。アニメブームの盛り上がりで『ドラえもん』『機動戦士ガンダム』などが飲料メーカーの販促企画に使われる。

いちごクリームソーダ
[ロッテ]

メロンクリームソーダ
[ロッテ]

お菓子のロッテは、1970年代から飲料事業に参入し、独自自販機をお菓子屋さんの店頭などに設置。初期には写真の『いちごクリームソーダ』『メロンクリームソーダ』のほか、『グアバ』やコーヒー飲料など、各種飲料を販売。ガムもジュースも買えるユニークな自販機もあった。

カラフルでかわいいパッケージ

ピクニック
ヨーゴドリンク
[森永乳業]

ピクニック
ストロベリー
[森永乳業]

ピクニック
フルーツ
[森永乳業]

ピクニック
ラクトコーヒー
[森永乳業]

テトラパックに代わって森永乳業が展開を始めた四角形の紙容器入り飲料シリーズ。新発売時は『ヨーゴドリンク』『ストロベリー』『フルーツ』『ラクトコーヒー』の4種のラインナップ。カラフルなパッケージは目新しかった。オフィスのドリンクコーナーや中学・高校の学食などに自販機が置かれた。

神戸・ポートアイランド博覧会（ポートピア'81）開催。地方博覧会の草分けに。『オレたちひょうきん族』放送開始。千代の富士が横綱昇進。

1981

ロゴもカッコいいスポーツ飲料！

1988　1983

NCAA
［サントリー］

サントリーが全米大学体育協会（NCAA）から名称使用権を獲得し発売したスポーツドリンク。甘みを抑えたスッキリとした味わいが特徴だった。糸井重里によるキャッチコピー「がんばった人には、NCAA.がんばれなかった人も」は印象深い。1990年代前半、『Jウォーター』発売に伴い終売。

POSTER 1981

1980（昭和55）年に朝日麦酒（現アサヒ飲料）が『バヤリース』の商標権・製造権を獲得。ブランド強化第1弾として発売した『バヤリース オレンヂつぶつぶ』。果実分35%入りでみずみずしさをアピールした。

サントリーポップ
グレープフルーツ
［サントリー］

この年、神戸で開催されたポートアイランド博覧会（ポートピア'81）の記念デザイン缶。サントリーは水をテーマにしたパビリオン「ウォーターランド」を出展した。

サントリー烏龍茶
［サントリー］

中国福建省が推奨する茶葉を使用した本格派。「福建省茶葉分公司推奨」などラベルに漢字を並べ、「皇帝に献上する最高のお茶」としての高級感を演出。コクがあるのにスッキリとキレのある味わいで、たちまち定番商品となった。

JUICE topics ジュース トピックス

神戸・ポートランド博覧会(ポートピア'81)では、大阪発祥のサントリーと地元神戸の企業であるUCC上島珈琲がパビリオンを出展した。前年発売の『ポカリスエット』に呼応して、スポーツ飲料の新商品開発に各社が注力し始める。

アンバサ サワーホワイト

[コカ・コーラ]

北九州コカ・コーラボトリングで1981(昭和56)年に限定販売後、翌82年から全国発売となった乳性炭酸飲料。飲みやすい微炭酸が特徴で『カルピスソーダ』などとの差別化が図られている。のちに『メロン』が追加。

ラムちゃん

[ビーボ]

ラムネ味の炭酸飲料だが、この年アニメ化された人気漫画『うる星やつら』を意識したことは想像に難くない。「フレッシュなアイドル」とのキャッチコピーもじわじわくる。

三ツ矢コーヒーマイルド

[アサヒ飲料]

缶コーヒー人気の高まりに対応すべく、朝日麦酒(現アサヒ飲料)が初めて自社開発した『三ツ矢コーヒー』シリーズ。しかし、『三ツ矢』ブランドに炭酸飲料のイメージが強すぎたためか苦戦、短命に終わってしまった。

ミルク入りコーヒー

[ビーボ]

マイルドコーヒー

[ビーボ]

ビーボから発売された『ミルク入りコーヒー』と『マイルドコーヒー』。港でコーヒー豆を荷揚げする帆船が描かれている『マイルドコーヒー』のデザインには、『ジョージア』への対抗意識が感じられる。

1982

東北新幹線開通。日航機羽田沖墜落。ホテルニュージャパン火災。中森明菜、小泉今日子ら人気アイドルが続々とデビューし、“花の82年組”と呼ばれることに。

CATALOG 1983

何味かよくわからない“未知の味”

スィートキッス

［チェリオ］

前年『マウンテンデュー』が仕掛けたシトラス系微炭酸人気に対応すべく登場。キャッチコピーは「あゝ 未知の味」。ネオン管をイメージしたロゴデザインは、当時のヒット曲『キッスは目にして！』（ザ・ヴィーナス）などにロカビリー復古ブームを連想させ、今も人気定番商品となっている。

メッコール

［一和］

高麗人参茶などで知られる韓国企業「一和」が製造。開発者が麦茶を飲んでいるときに思いついたことから“麦コーラ”とも呼ばれ、極めて独特な味が話題となって伝説化した。日本では2018（平成30）年に終売している。

キリンメッツ ガラナ

［キリン］

大ヒットとなった『キリンメッツ』に、北海道限定販売の『ガラナ』が新たに登場。『ガラナ』は全国販売されていた時期もあった。現在はメッツブランドから離れ『キリンガラナ』となっている。

JUICE topics
ジュース
トピックス

ワンウェイ型ガラス瓶入り飲料が各社から発売。ペットボトル入り飲料が初めて登場。新人アイドル歌手の当たり年とされ、ドリンクのCMに起用されるケースが続出。アニメ『Dr. スランプ アラレちゃん』がヒットし『三ツ矢サイダー』のイメージキャラクターに。

シンビーノ

[大塚食品]

シードルやワインなどテーブルドリンクにヒントを得て、食事とともに飲めるノンアルコール飲料をコンセプトに開発した、アップル味の炭酸飲料。

ペプシコーラ クラシックデザイン

[ダイドードリンコ]

350ml缶で登場した限定発売の『ペプシコーラ クラシックデザイン』。1960年代当時の王冠が描かれており、当時のオールディーズブームを狙ったと思われる。写真の缶は2007（平成19）年にダイドードリンコが復刻販売したもの。

POSTER 1982

1952（昭和27）年の『バャリース』日本上陸30周年とブランド強化策としてデザインを一新し、ファッショナブル感をアピール。『グレープ』を缶飲料化し、新たに加わった『グレープフルーツ』は水色地のデザインで爽やかさを強調した。

コーヒー ミルク入り

[森永製菓]

黒と茶色のツートンカラーに赤の波打つ帯がアクセントとなり、オトナな雰囲気を醸し出している。エンゼルマークの配置もグッドだ。

フレスカ レモンライム

[コカ・コーラ]

米コカ・コーラから1966（昭和41）年に発売され、この年日本上陸。100mlあたり12kcalと一般的清涼飲料のカロリーを65%カットしヘルシーさをアピールした。

東京ディズニーランド開業。日本海中部地震発生。任天堂『ファミリーコンピュータ』発売。大韓航空機撃墜事件。YMOが"散開"。

1983

1988
アクエリアスレモン
[コカ・コーラ]

1989

アクエリアス
[コカ・コーラ]

星座「みずがめ座」からネーミング

大塚製薬『ポカリスエット』発売から3年目にして強力な対抗馬が日本コカ・コーラから登場。甘みを抑え爽快感を強調した風味と、体液に近い浸透圧による飲みやすさが支持され大ヒット。アイソトニック飲料という新ジャンルを切り開き、スポーツドリンクの代名詞となった。

POSTER 1983

ライムの香りと強めの炭酸にレモンをひと搾り加えたような爽快感に仕上げた『三ツ矢サイダー』限定バージョン。アサヒ初のペットボトル飲料で、ブランドイメージの緑ではなくマリンブルーの色彩がまばゆい。大滝詠一のレコードジャケットを連想させるイラストに時代を感じる。

ファンタ
アップル
[コカ・コーラ]

コカ・コーラが発売した『ファンタアップル』350mlスチール缶。『アップル』は『レモン』と同じく1970年代に一部地域で発売されていたが、この頃には全国発売となっていた。

1991
メローイエロー
[コカ・コーラ]

アメリカでは1979(昭和54)年に誕生し、この年日本上陸。ペプシコ『マウンテンデュー』のライバルドリンクとしての認識が強い。キャッチコピーは「とても訳せない味です」で、初代CMには松居直美が起用された。

JUICE topics
ジュース トピックス

アメリカで話題になっていた挑発的比較広告「ペプシチャレンジ」のCMが日本で初展開。飲み比べた人が『コカ・コーラ』を選ぶパターンもあり、大きな話題となった。ハウス『六甲のおいしい水』が発売、ミネラルウォーター市場拡大のきっかけに。

サントリーマリンクラブ

グリーンライム／レッドベリー

[サントリー]

『サスケ』などと並び、缶飲料マニアの間で1980年代の伝説的存在となっているのが本品だ。「100円避暑地 マリンクラブ 新感覚飲料 新発売」というキャッチコピーで、『グリーンライム』『レッドベリー』のほか、『ブルーミント』があり、この3本を混ぜると色が透明になるとの噂がある。

サントリーPOP

マスカット／グレープフルーツ／グレープ／レモン

[サントリー]

1977（昭和52）年に発売。カーペンターズの『トップ・オブ・ザ・ワールド』がCMソングに使われ、シトラス系炭酸飲料の定番となった。当初はグレープフルーツ味のみだったが、ワンウェイボトル採用でロゴを一新。レモン、グレープ、マスカット味が加わった。

FLYER 1983

カレーなどレトルト食品などに使われるスタンディングパウチパック（Sパック）を飲料として初めて採用した『バヤリース オレンジ』S-PACK。缶よりもかさ張らず、凍らせてシャーベットにして楽しめるなど画期的な商品だった。

空腹時の救世主！フード＆スープ PART1

構成・文／足立謙二

1973
しるこドリンクス
[井村屋]

1973
あずきドリンクス
[井村屋]

1973
おうすドリンクス
[井村屋]

アイスの『あずきバー』など小豆商品で知られる井村屋が1973（昭和48）年に発売した『しるこ』をはじめとする缶飲料シリーズ（現在は終売）。まだ冷温兼用自販機が一般化される前の商品だ。缶から一度、湯飲みなどの器に開けて温めたのだろうか。同社はその後国産小豆を使った缶入り『おしるこ』が評判だったが、残念ながら終売してしまった。

子どもの頃、我が家でおしるこを食べるのはお正月の七草粥のあとという習慣があった。豪勢な料理が落ち着いたタイミングで、余った餅をどうにか片付けようというわけだ。だが、家でおしるこを作るのは手間がかかる。小豆を長時間煮立ててあんこの汁を作り、それとは別に磯辺焼き用に切った余った餅を網で焼かなければならない。それでも、一度作るとこれが寒い冬のお腹を温める格好のおやつとなりたまらなくおいしかった。そんな、おいしいけど作るのが面倒だと思っていた日本人は相当数いたようで、その需要を見込んで登場したのが自販機で買える缶入りしるこだった。

一方、様々なスイーツブームが去来した1990年代には、世の中の流れを逃すまいとそれらをドリンク化しようという動きが顕著になった。おしるこにしろスイーツにしろ、とりあえず缶ジュース化して売ってみるという開発者たちの執念には敬意を表したい。

おしるこ各種

1991
おしるこ
[アサヒ飲料]

1997
おしるこ
[カゴメ]

2014
大納言しるこ
[伊藤園]

1989
しるこ
[サッポロ(ポッカサッポロ)]

缶コーヒー用の冷温兼用自販機が広まり始めたのに合わせて、各社から様々な缶入りしるこが登場した。甘いものを食べると頭の回転が活性化するともいわれ、会社のオフィスの自販機にはかなりな頻度でラインナップされていた気がする。苦みばしった缶コーヒーもいいが、日本の伝統スイーツが無性に欲しくなる瞬間って誰にでもあるのでは?

洋風スイーツ系

1992　1992　1991　1994　1998

カフェ・ゼリー／モカシェイク
[ポッカ(ポッカサッポロ)]

プリンシェイク
[ポッカ(ポッカサッポロ)]

プリンは昭和の昔も令和の今も子どもたちに大人気のキング・オブ・デザートだ。そんな、冷たくてぷるるんとした神様が生み出したような食感を町の自販機で手軽に楽しめる『プリンシェイク』の出現は衝撃だった。開栓する前にシャカシャカと適度に振って食べるのが正しい方法だが、あえて一切振らずにガバっと吸い込んで食べることはできないかと無謀なトライをした方もいるのでは?

1984

ロサンゼルス五輪開催。グリコ・森永事件。アルマン『禁煙パイポ』が発売され「私はコレで会社をやめました」が流行語に。

サスケ

[サントリー]

懐かしジュースマニアの間で常に話題の筆頭に上る伝説的炭酸飲料。「コーラの前を横切るヤツ」をキャッチコピーに、女優・仙道敦子が忍者に扮し、モノクロ映像による謎の冒険活劇が描かれるという強烈なCMは今も記憶に刻まれる。『ドクターペッパー』にやや近い、筆舌に尽くしがたく賛否分かれがちな風味だった。

1987

アメージングな冒険活劇飲料!?

1991

ストライカー

[ヤクルト本社]

サッカーを連想するネーミングだが、同社傘下のヤクルトスワローズのビジターユニフォームをイメージさせるスカイブルーに白のストライプのデザインになっている。左の缶に描かれている選手は“小さな大打者”若松勉選手か。

キララ

ソフトフルーツミックス／シトラスミックス

[キリン]

キリンが発売した柑橘系微炭酸飲料で『ソフトフルーツミックス』と『シトラスミックス』の2種で展開。女優・原田知世がイメージキャラクターに起用され、自身の主演映画『愛情物語』の主題歌がCMソングに使われていた。キャッチコピーは「超えて、キララ。」。

JUICE topics ジュース トピックス

“商業五輪”と揶揄されたロス五輪で『コカ・コーラ』が公式飲料に選ばれる。とんねるず「一気!」が発売されるなど居酒屋界隈で一気ブームが吹き荒れ社会問題化。国鉄が『大清水』ブランドでミネラルウォーター販売開始。

真っ青な『キリンレモン』が登場!

キリンレモン2101

[キリン]

「青くて ごめん。」のキャッチコピーで、無色透明な『キリンレモン』のイメージを一新すべく真っ青なデザインで登場。初代CMでは“第二のチェッカーズ”ともいわれたサリーのデビュー曲『バージンブルー』が使われた。『2101』とは「『キリンレモン』が21世紀のNo.1ドリンクになるように」との願いからとか。

リベラ

[カゴメ]

ハーブがブレンドされた乳性炭酸飲料で、スイスで長年愛飲されている国民的ドリンク。日本ではカゴメがライセンス販売を手掛けた(現在は終売)。CMでは竹内まりやの『本気でオンリーユー』が使われた。

ワイン スカッシュ ロゼ

[ビーボ]

ビーボのクセ強ドリンクの一角。三色旗に「ROSE」のロゴをあしらったマークがアクセントとなっている。写真のピンク地に白のほか、白地に赤いロゴの缶も存在したようだ。

レモン EC

[ロッテ]

『カラントスカッシュ』と同時期に発売されていたレモン果汁飲料。ビタミンC、ビタミンEを含むなど、ヘルシー志向を謳っている。

カラント スカッシュ

[ロッテ]

大手お菓子メーカーであるロッテだが、1970年代から飲料事業を展開。先に紹介した『クイッククエンチ』のほか、独自色の強い炭酸飲料を発売していた。

アニメ映画『風の谷のナウシカ』『超時空要塞マクロス 愛・おぼえていますか』などが公開。ソニー初代『CD ウォークマン』発売。

1984

ブラックコーヒー
[UCC]

1990年代に迎えるブラックコーヒー競争に先駆ける形で登場。だが、まだこの時点では『ブラック(加糖)』と明記されている。

高原の岩清水&レモン
[グリコ乳業(江崎グリコ)]

涼風そよぐ雪山が描かれた円錐形の紙製パッケージが印象深い、レモンウォーターブームの先駆け的存在だ。奥美濃、八ヶ岳、阿蘇と販売地域ごとの名水を使用し、自然派志向をアピール。甘さを抑えた爽快感が受けた。

円錐形&爽やかな味で大ヒット!

はと麦茶
[伊藤園]

カフェインゼロで飲みやすい健康茶をアピールし缶飲料化。通常の麦茶よりも甘く香ばしい香りが女性を中心に好まれ、ロングセラーとなっている。現在はペットボトル入りで販売。

鐵観音
[宝酒造]

中国福建省安渓県由来の烏龍茶葉で中国十大銘茶の一角に数えられる希少種「鉄観音」を使い高級感をアピール。1980年代の焼酎ブームでウーロンハイ需要を狙った、酒造メーカーらしい商品といえる。

セーフガード
[チェリオ]

チェリオから発売されたアイソトニックドリンク。『キッス』とともに業界で初めて350mlアメリカンサイズアルミ缶を採用した。左は1993(平成5)年頃発売のもの。

JUICE topics
ジュース
トピックス

『コカ・コーラ ライト』発売で低カロリー甘味料がヒット商品番付入り。この頃、缶酎ハイが宝酒造などから発売され焼酎ブームが到来。松田聖子の『スイートメモリーズ』が使われたサントリー『ペンギンズバー』の CM が話題に。

ミルキードリンク

[不二家]

不二家の代名詞『ミルキー』のパッケージデザインと同様に、ペコちゃんの顔が描かれた缶はインパクトも大。『ミルキー』のようにホッとするやさしい味わいの乳飲料。

『ヨーグルト味』と『グレナーデン(ざくろ)』の2種類で展開した不二家の炭酸飲料。乳酸を加えすっきり感を高めた味わい。国産のざくろ味のドリンクは極めてレア種だ。

サワースカッシュ

レッド/ホワイト

[不二家]

フルーツの香りいっぱいのエード!

『フルーティ』は、そのネーミングのようにフルーツの香りいっぱいの果汁10%のエード。『オレンジ』『グレープ』『ピーチ』の3種類があり、缶のパッケージにはそれぞれのフルーツのかわいらしいイラスト入り。

フルーティ

オレンジ/グレープ/ピーチ

[不二家]

プラザ合意を機に円高が加速。日航ジャンボ機墜落事故。つくば科学万博開催される。日本電電公社と日本専売公社が民営化しNTTとJTが誕生。

1985

世界初！缶入り緑茶飲料が誕生!!

ジャスミン茶
[伊藤園]

伊藤園による独自原料と抽出技術から生まれた『ジャスミン茶』。白地にピンクの縁取りを組み合わせた明るい色彩のラベルデザインはお茶飲料としても斬新だ。

缶入り煎茶
[伊藤園]

世界初の缶入り緑茶として伊藤園が開発・発売した『缶入り煎茶』。甘くない飲料にお金を払う習慣がなかった当時、「緑茶はインドア商品。アウトドアにすることに意味がある」と製品化に取り組んだという。

TESS ミルクティー
[サントリー]

TESS レモンティー
[サントリー]

1984（昭和59）年に瓶入りフリーズドライ紅茶として発売され、翌年缶飲料にリニューアル。スッキリした甘さが特徴で、英国調をイメージしたスリムなラベルデザインが上品さを演出している。

ヨーグルッペ
[南日本酪農協同]

宮崎県の南日本酪農協同が発売した乳酸菌飲料。新海誠監督の映画『秒速5センチメートル』（2007年）に登場し全国的に知られることに。同社系列の北海道日高乳業でも、『ヨーグルッペ』を製造・販売している。

伊藤園が日本初の缶入り緑茶飲料を発売。無糖飲料市場が徐々に広がりを見せた。ペプシコが『マウンテンデュー』に大型ペットボトル（1.25l）を採用。阪神タイガースの日本一に湧き、岡田彰布、池田親興らが出演するサンガリアのCMが注目される。

プレイボーイ コーラ
［ビーボ］

ビーボが『チェリーコーク』上陸に色めきだったのかは不明だが、米誌『プレイボーイ』の版元と提携を交わし発売したアダルトな雰囲気のコーラ飲料。YとLがつながっているなど凝ったロゴが印象的だ。

チェリー コーク
［コカ・コーラ］

アメリカではメジャーな味として親しまれていたチェリー味が満を持しての日本上陸。小林克也のDJ調によるテレビCMでアメリカンな雰囲気を演出した。『ドクターペッパー』に極めて近い味だったとの声も。

マイルド ビーアンドエル レモン
［カルピス(アサヒ飲料)］

カルピス（現アサヒ飲料）から発売されたレモン風味の炭酸飲料。渋いデザインの瓶入りもあった。レモンの苦みを強調した大人向けの味を売りにしたが、生まれた時代が早すぎたようだ。

ファンタ フルーツパンチ
［コカ・コーラ］

北海道限定商品の印象が強い『ファンタフルーツパンチ』だが、写真の250ml缶は東京コカ・コーラボトリングでも製造され、一部関東圏でも買えたようだ。

ufufu
［カゴメ］

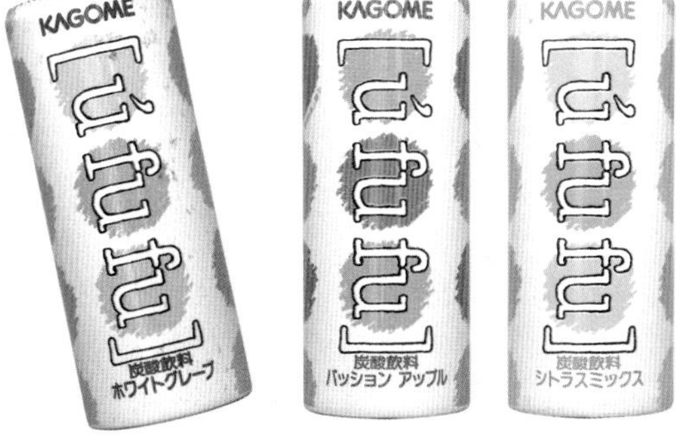

トマトジュースや野菜ジュースに力を入れていたカゴメが若者向けファッションドリンクとして発売したフルーツ系清涼飲料。CMには少女隊が起用され、キャッチフレーズは「ウフフ飲み隊、少女隊。」だった。

ソ連(ウクライナ)チェルノブイリ原子力発電所事故発生。男女雇用機会均等法が施行。チャールズ英皇太子とダイアナ妃が来日。

~1986

1985

"清く、涼しく、可愛い味"の炭酸飲料

ジェットストリーム
[サントリー]

新たなシトラス系炭酸飲料として発売され、当時人気絶頂だったチェッカーズをイメージキャラクターに起用。「清く、涼しく、可愛い味さ。」をキャッチコピーに大々的な広告戦略を打った。さらに中山美穂を起用するなど力を入れたが、ライバルひしめき合う中、短期間で終売となった。

シュールなCMも印象的!

オフサイド カルダモン
[キリン]

オフサイド ライム
[キリン]

写真のライム、カルダモンのほかナイアガラグレープ、アップルジンジャーも加わり「第5世代飲料」なるコピーで展開した炭酸飲料だが、最も印象深かったのは飲料の味よりもシュールすぎるテレビCM。「ムササビになったたぬき」、空き瓶を指差して「それ、から」など、ナンセンスな静止画に「オフサイドできません」と判定(?)を下す商品そっちのけの内容だった。

JUICE topics
ジュース
トピックス

若者をターゲットにしたシトラス系炭酸飲料の新発売が各社から相次いだ。テレビCMにはチェッカーズ、小泉今日子、原田知世ら人気アイドルたちを競って起用。しかし、少しでも販売が鈍るとすぐ新しい名に差し替えるなど、たくましくも慌ただしい事態も目立った。

1986

フルーツアップ

[サントリー]

短命に終わった『ジェットストリーム』を一新し、果汁入りを前面に打ち出したシトラス系炭酸飲料。こちらもアイドル路線を継承して小泉今日子をイメージキャラクターに起用。キャッチコピーは「フルーツアップは、ピョンピョン」。当時の流行りだったテレホンカードやTシャツなどノベルティも作られた。

POSTER 1986

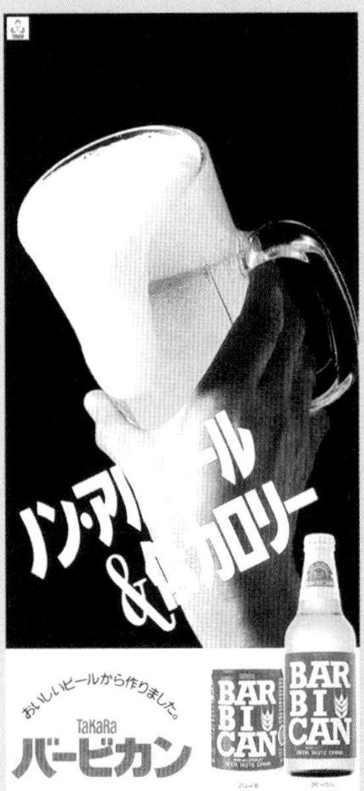

バービカン

[宝酒造]

現在では広く親しまれているノンアルコールビールの先駆け的存在。宝酒造が英バス・ブリュワリー(現アンハイザー・ブッシュ・インベブ)と提携、開発された。CMには矢沢永吉が登場。増加する飲酒運転撲滅の願いを込めた商品だった。

サンキスト レモンドリンク

[森永製菓]

果汁10%のレモン飲料。森永製菓のサンキストドリンクというと1970年代に人気を博した『サンキストタンサン』の印象が強いが、非炭酸系も出していたようだ。

1986

アニメ『ドラゴンボール』放送開始。激辛ブームが到来。『写ルンです』発売。ファミコンゲーム『ドラゴンクエスト』発売。

アセロラドリンク

[ニチレイ(サントリー)]

ニチレイフーズが1984(昭和59)年にジャムやゼリーとして発売した南米産アセロラをドリンク化。1本でビタミンCが豊富に摂取できると話題になり大ヒット。2010(平成22)年からサントリーが販売元となっている。

午後の紅茶ストレートティー

[キリン]

日本初のペットボトル入り紅茶としてデビュー。甘すぎるなど不評なものが多かった紅茶飲料の分野に、甘さを抑えリーフティーとしての本格的な味わいを掲げて大ヒット。紅茶飲料の代名詞的地位を確立した。

FRYER 1986

『三ツ矢コーヒー』のあとを受けてアサヒ飲料が投入した缶コーヒーブランド。スタンダードの『マイルドコーヒー』『ブレンドコーヒー』のほか、『カフェオレ』『モカブレンド』、さらにまだ珍しかった無糖『ブラックコーヒー』と幅広いラインナップを揃えた。1986(昭和61)年、サッカーW杯で活躍したマラドーナをCMに起用した。

ライフガード

[チェリオ]

アイソトニックドリンクとして発売された『セーフガード』に続き、ビタミンとアミノ酸を豊富に配合した炭酸飲料として登場。「サバイバル飲料」として売り出すため、「サバイバルゲーム」を連想する迷彩柄のデザインとなった。

JUICE topics
ジュース トピックス

サントリー『はちみつレモン』が大ヒットし“はちレモ”ブームの鏑矢となる。この頃、コント赤信号のリーダー・渡辺正行が『笑っていいとも!』でコーラを一気飲みするのが番組の名物となる。『黄桜』など缶入り日本酒が登場。

サントリーエード
グレープ
[サントリー]

サントリーエード
パンチ
[サントリー]

1976(昭和51)年から90年代まで販売されていたサントリーの定番果汁飲料。オレンジのイメージが強いが、『グレープ』『パンチ』と80年代には複数の味が存在した。さらにアニメ『機動戦士ガンダム』などとのタイアップ企画も盛んに行われていた。

はちみつレモン
[サントリー]

1980年代後半から90年代にかけて一大ブームを起こしたはちみつレモン飲料のパイオニア。ビタミンC豊富なレモンの酸味に程よいハチミツの甘みがマッチし大ヒット。今も続くロングセラーとなっている。

ウィズユー
メロンソーダ／アップルソーダ／キウィソーダ
[キリン]

キリンから発売された無果汁炭酸飲料。最初に発売された『メロンソーダ』のほか、『キウィソーダ』『アップルソーダ』『ピーチソーダ』『パインソーダ』など特徴あるフレーバーも登場した。

特徴あるフレーバーも仲間入り!

空腹時の救世主！フード＆スープ PART2

構成・文／足立謙二

朝食・野菜系

V8野菜ジュース
［サントリー］

1日分の野菜
［伊藤園］

キャロット100
［カゴメ］

炎のトマト
［カルピス(アサヒ飲料)］

飲む朝食
朝can
［宝酒造］

『V8 野菜ジュース』（サントリー）や『カゴメ野菜ジュース』など古くから飲まれてきた野菜ジュースもある中、1990（平成 2）年頃からにんじんをベースとした種類が台頭してきた。一方、『朝 can』の出現は衝撃的だった。栄養価豊富といわれるバナナを牛乳とブレンドし、カルシウムからビタミン B 群、C、D、E など栄養素がたっぷり入って飲み応えがあり、社会人になりたてだった頃に随分お世話になったものだ。

ドリンク剤のキャッチコピー「24時間働けますか？」が流行語になったバブル期頃から、多忙なあまり朝食を抜いて出勤するサラリーマンが増えた。しかし、たかが朝食と侮ると、昼食時間を待たずに空腹感に襲われ、仕事の効率が落ちてしまう。そんな中で、場所を選ばず短時間で朝食代わりとなる（本当はそれだけで足りるわけではないが）フード系缶飲料の数々が登場。そのパイオニアは1983（昭和58）年発売の『カロリーメイト』（大塚製薬）になるが、できればもっと普通の朝食っぽいものがないかと考えるのは自然の願望であろう。そこで登場したのが、それまで缶飲料としてはマイナーだったバナナを含んだものや、従来の野菜ジュースよりも栄養価の高そうなにんじんなどをブレンドした飲料など〝食べ応えのある〟缶飲料だ。そのほか、意外と古くから存在したスープやみそ汁缶もここで紹介したい。

みそ汁系

1992　1992　1991　1992　2002

はい茶わんむし／はいとん汁
［ポッカ(ポッカサッポロ)］

みそ汁
［ポッカ(ポッカサッポロ)］

みそ汁
［明治乳業(明治)］

は〜いお味噌汁
［マルマンみそ］

自販機で買えるホットな缶入りみそ汁の歴史は意外と古く、冷温兼用自販機が普及し始めた頃にはすでに存在していたようだ。日本人のソウルスープな訳だから、当然ではある。近頃は「しじみ 70 個分」を謳う二日酔いの朝の救世主的なものが人気なほか、とん汁や冷たくても飲める夏専用みそ汁なども登場している。

スープ系

1998　1997　1994　1993　1990

しゃきしゃきコーンポタージュ／じゃがいものポタージュ
［伊藤園］

温野菜
［伊藤園］

コンソメスープ
［エスビー食品］

カレースープ
［アサヒ飲料］

みそ汁系と並んで近年変貌著しいのが缶入りスープの世界だ。ここに挙げたのは古いものもあるが、『温野菜』『じゃがいものポタージュ』のほか、粒入りのコーンスープや中華風のわりと辛い麻婆スープなど年々種類が増えている。『キャンベルスープ』の絵で知られるアンディ・ウォーホルがもし現代の日本の自販機を見たら腰を抜かすのではなかろうか。

国鉄分割民営化でJR誕生。石原裕次郎死去。ブラックマンデー。俵万智の歌集『サラダ記念日』がベストセラーに。NTT 株が上場し財テクブーム到来。

1987

POSTER 1987

ジャイブコーヒー

[キリン]

「粗挽きネルドリップのおいしさ。」をキャッチコピーに、大人向けの渋さをアピールしたキリン初の本格的コーヒーブランド『ジャイブコーヒー』。CMでは俳優・高品格と小林稔侍が張り込み中の刑事に扮してセリフを交わすのだが、ただキャッチコピーだけを繰り返す様がシュールな笑いを誘った。

シルクハットの髭男爵が目印！

紅茶貴族
レモンティー

[明治乳業(明治)]

『午後の紅茶』(キリン)が快進撃を続ける中で販売されていた明治乳業(現明治)の紅茶ブランド『紅茶貴族』。洋風ながら紅茶飲料には漢字が使われる傾向が強いのも興味深い。

キリンレモン

[キリン]

シトラス系炭酸競争が激しさを増す中、元祖である『キリンレモン』もラベルデザインを一新。350mlサイズと1.5lペットボトル入りを加えブランド強化を図った。テレビCMにはTUBEの『サマードリーム』が使われた。

JUICE topics
ジュース トピックス

アサヒビールが戦略商品『スーパードライ』を発売。特徴的な「辛口」でビール業界史に残る大ヒットとなる。さらに、ほかのメーカーからも「ドライ」の名を冠した商品が発売され、「ドライ戦争」が勃発。

維力／維力スポーツ

[ポッカ(ポッカサッポロ)]

中国河北省運動保健食品飲料研究開発中心が五輪強化選手のために開発したスポーツドリンクをもとにポッカ（現ポッカサッポロ）が商品化。核太ナツメ、オタネニンジンなど中国産の植物エキスを配合しているのが売りだったが、得も言われぬ風味に消費者の反響は真っ二つ。味を薄めて『維力スポーツ』に商品名を変えたが力及ばなかった。

1989

1991

中国河北省発の異色なスポーツ飲料！

1989

1987

Teens'
オレンジソーダ

[味の素]

「ハートもうるおす」のキャッチコピーで登場したシトラス系炭酸飲料で『オレンジソーダ』と『グレープフルーツソーダ』の2種で展開。テレビCMの曲は、米米CLUBの『PARADISE』だった。

TERRA

[味の素]

味の素が得意とするアミノ酸を軸としたアイソトニックドリンク。同社がホンダレーシングHRCのスポンサーだったことから『TERRA RACING』限定缶が発売されたほか、ホンダからはTERRAカラーのバイク『NSR250』も限定販売された。

東京ドームが完成。日産『シーマ』発売で「シーマ現象」が流行語。瀬戸大橋が開通。リクルート事件が発覚し政官財界に衝撃走る。

~1988

1987

『メローイエロー』の姉妹品で幻の『メローレッド』。地域限定で販売されたようで味は『ファンタフルーツパンチ』に近かったといわれる。

メローレッド

[コカ・コーラ]

1986(昭和61)年に発売した『ウィズユー』だが、そのブランドに最も強い印象を刻んだのが、この『スイカソーダ』ではないだろうか。数年後に『スイカソーダ2』も登場している。

ウィズユー スイカソーダ

[キリン]

ロイヤルクラウンコーラ

[冨久和香料]

アメリカでは20世紀初頭から親しまれていたコーラ飲料で、この当時の日本では北海道や富山県など一部の地方で販売されていたようだ。

ファンタ パインフルーツ

[コカ・コーラ]

パイナップルとグレープフルーツをかけ合わせた『パインフルーツ』。250ml缶のほか、350ml、1l瓶入りもあったようだ。

ソフトプラムソーダ

[利根ソフトドリンク(コカ・コーラ)]

利根コカ・コーラボトリングの関連会社が製造し、『マックスコーヒー』などとともに千葉県、茨城県を中心に販売されていた。ラベルデザインは『マックスコーヒー』の色違いになっている。

JUICE topics ジュース トピックス

三共(現第一三共ヘルスケア)から栄養ドリンク『リゲイン』発売。時任三郎が出演したCMキャッチコピー「24時間働けますか」で大ヒット。一方、中外製薬(現ライオン)の栄養ドリンク『グロンサン』の高田純次のCM「5時まで男/5時から男」も流行語に。

1988

英シュウェップスの販売権を得たアサヒ飲料(現在はコカ・コーラに譲渡)から発売されたコーラ飲料で、のちに『シュウェップスコーラ』に改名。『ブラックドライ』もあった。

ブラックシュウェップス

[アサヒ飲料(コカ・コーラ)]

『スイカソーダ』で味をしめたのか、さらに斜め上を行く味『アップルウーロンソーダ』を投入させた『ウィズユー』。漫画家・玖保キリコによるイラストが和む。

ウィズユー アップルウーロンソーダ

[キリン]

梅酢バーモント

[宝酒造]

健康飲料として発売した梅酢を飲みやすくしたバーモントドリンク。宝酒造は1986(昭和61)年から本格的に飲料事業に参入していた。

キリンレモン ドライ

[キリン]

ビール業界がドライ戦争で激しくぶつかり合う中、その火種がジュース界にも飛んできたかたちで発売されたドライ系炭酸飲料。

マウンテンデュー ゴールデンライム

[ペプシコ(サントリー)]

定番のシトラス系微炭酸飲料『マウンテンデュー』に、『ゴールデンライム』が登場。1980年後半には『オーロラ』『ジンジャーエール』などもあった。

1988

昭和天皇の容態悪化で自粛ムード広がる。ソウル五輪が開催され鈴木大地がバサロ泳法で金メダル。JR東海が「クリスマス・エクスプレス」キャンペーン開始。

午後は"ゴゴティー"でゆっくり

ペットボトル入りのヒットを受け缶飲料でも展開を開始した『午後の紅茶』。『ストレートティー』『ミルクティー』に加え、翌1989(平成1)年には『レモンティー』、その翌年には『プレーンティー』も追加され、若い女性を中心に人気を博した。「ゴゴティー」と呼ぶのが一般的だが、「ゴゴコー」派も少なくない模様。

午後の紅茶
レモンティー/ミルクティー/ストレートティー
[キリン]

杜仲茶
[日立造船(小林製薬)]

漢方薬に使われるトチュウの葉を原料とした健康茶飲料。プラント・機械メーカーである日立造船が製造販売するという異業種参入が話題になり大ヒットした(その後、小林製薬に営業譲渡)。

六条麦茶
[カゴメ(アサヒ飲料)]

夏が収穫期の六条大麦のみを使用し、甘みを引き出す「浅煎り」と香ばしさを引き出す「深煎り」によるダブル焙煎で仕上げた麦茶飲料。カゴメから発売され、現在はアサヒ飲料が販売している。

ジョージア 烏龍茶
[コカ・コーラ]

日本コカ・コーラ初の烏龍茶飲料。コーヒーブランドである『ジョージア』の名を冠しているのも貴重だが、水墨画のようなイラストも興味深い。

ウーロン茶 鉄観音
[アサヒ飲料]

使われているロゴといい配色といい「アサヒビールの銘茶」と強調している点といい、『スーパードライ』でビール界の天下を取った同社の勢いが前面に出たデザインだ。

JUICE topics
ジュース トピックス

大塚食品『ファイブミニ』が発売され健康飲料ブームの火付け役に。キリン、サッポロ、サントリーがドライビールを相次いで発売し、アサヒを巻き込むドライ戦争が勃発。この頃、紅茶、ウーロン茶にとどまらず、杜仲茶など茶飲料に力を入れる動きが徐々に活発化した。

ベルミー
ボーズ・フレーバードコーヒー
[カネボウ食品(クラシエフーズ)]

ベルミー
炭焼アイスコーヒー
[カネボウ食品(クラシエフーズ)]

ベルミーコーヒー
シティロースト
[カネボウ食品(クラシエフーズ)]

カネボウ食品(現クラシエフーズ)が展開した飲料ブランド『ベルミーコーヒー』各種。独自自販機を全国に展開し、1缶買うとルーレットが回転して、当たりが出るともう1本選べるくじ付き自販機もあった。

NOVA ガブノミコーヒー
[アサヒ飲料]

イメージキャラクターだったマラドーナを思わせるイラストが描かれたラベルが目を引く。ガブガブ飲めるコーヒーなので、「スポーツコーヒー」というキャッチコピーも使われていた。

2019

ファイブミニ
[大塚製薬]

女性を主なターゲットに食物繊維が手軽に摂れることを謳った健康系炭酸飲料。テレビCMにはタレントの山田邦子が起用された。

定番！ 意外!? こんな瓶もあったコレクション

構成・文／足立謙二

定番系

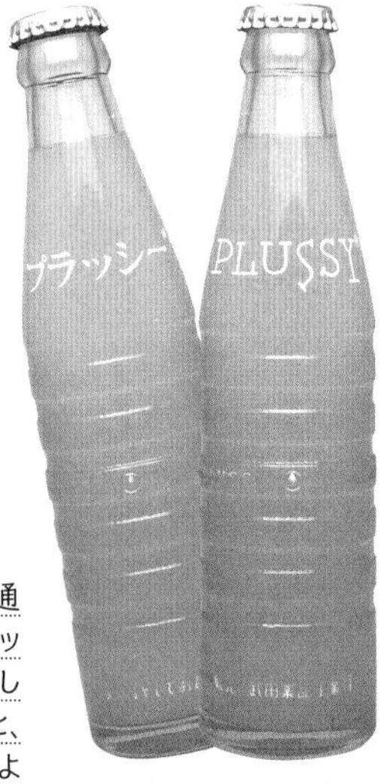

昭和の時代、ジュースの容器は、ビールと同じく長らくガラス瓶が普通だった。お家の手伝いと称してたまった空き瓶を近所の酒屋（『プラッシー』は米屋）に持っていき、瓶の保証金を受け取ってお小遣いにしていたという思い出のある方も少なくないのでは。こうして並べてみると、ほぼ同じずんどう形状ばかりの缶と違い、見方によってはアート作品のようでもあり、個性あふれる瓶の数々が愛おしく思えてくるから不思議だ。

乳酸菌飲料系

缶飲料がすっかり当たり前となった 1990 年代でも、どういうわけか飲むヨーグルトタイプの乳酸菌飲料の容器には瓶入りが少なくなかった。中身の品質保持などが理由とされるが、どれもちょっとかわいらしい形状で和ましてくれる。毎朝、出勤前の駅の売店の前などで腰に片手をやりながらグビグビ飲むと、いかにも 1 日分のエネルギー源を補充している気になるのだ。

色付き系

旧来、ラムネなども含め炭酸飲料の瓶は、酒類のものより低コストを重視していたため安価な緑色の半透明な瓶が大半だった。だが、柑橘系風味の炭酸飲料には、イメージ的にちょうどおあつらえ向きともいえる。そのためか、『アンバサ』（コカ・コーラ）や『マウンテンデュー』（サントリー）など1980年代以降発売の商品でも色付き瓶が使われることが少なくなかった。

缶やペットボトルが当たり前の時代になっても、飲食店や娯楽施設など業務用の分野では、瓶入り飲料が重宝されている。缶コーヒーのトップブランド『ジョージア』（コカ・コーラ）や、2000（平成12）年以降発売の『コカ・コーラゼロ』にさえも瓶入りがあることに驚かされる。町の酒屋などで扱っていることもあるので、一度注視してみるといいかも？

変わり種系

平成
編

1989
〜
2018

BYG
ビィグ・スーパー・洋なし
BYG SUPER PEAR
SUNTORY
DEKAVITA
C
炭酸飲料
ローヤルゼリー配合・デカビタC
無印良品
ジュース
アップル
250g
果汁100%
Wilson
SPORTS DRINK
OLIGO ADDED
NEW
CALPIS
BRAND
はちみつ家族
HACHIMITSU KAZOKU
ハニー&レモン
伊藤園
お〜いお茶
緑茶
SUNTORY
Sparkling
Refreshing
QUAN FOO
カンフー
ローヤルゼリー・植物系エキス5種配合
炭酸飲料
茶流彩彩
爽健美茶
お茶どうぞ
十六茶
SUNTORY
品
質
茶
本
位
緑茶
KIRIN
FAMILY DRINK STORY
ノモノモ
果汁入り炭酸
TaKaRa
すりおろしりんご
高原のおいしい水で飲みやすく仕上げました。
果汁30%
KIRIN
Supli
サプリメントウォーター
【カロリーオフ】
ほのかなグレープフルーツ・果汁2%
ミスティオ
mistio
果汁より、すっきり。炭酸より、やさしい。
[新・ミスト系飲料]
果汁30%＋天然水
DyDo DRINCO, INC.
KIRIN
りんごの炭酸水
天然育ち
りんご果汁30%＋天然水
無着色
MATCH
SYNCHROTONIC DRINK
さわやかビタミン飲料
350ml
SPARKLING & REFRESHING
Oriental
Cola
オリエンタルコーラ
THE COCA-COLA COMPANY
RaDiO
NEW WORLD COLA
レイディオ
SUNTORY
LIFE PARTNER LIFE PARTNER
ライフパートナー
DAKARA
カラダ・バランス飲料
クー
Qoo
カルシウム入り
GOMEN-NE
GOMEN-NE
ごめんね。
〜ちょっぴり刺激〜
SUNTORY
なっちゃん!
オレンジ
CALPIS
nude
ヌード
ノンカロリー
ノンシュガー
ビタミン
B₆・C・E配合
果汁1% 微炭酸
ITO EN
カテキンウォーター

1989~'99

JUICE Chronicle OUTLINE

時代が平成に変わり、まだバブル経済の残り香が漂っていた１９９０年代前半、新たな時代の波を起こそうと飲料メーカー各社はあの手この手とこれまでにない風味や食感、ネーミングを求めて開発合戦にしのぎを削った。

その中で、エポックメイキングな飲料となったのが伊藤園が１９８９（平成元）年に発売した緑茶缶飲料『お～いお茶』だ。１９８５（昭和60）年に発売された『缶入り煎茶』をブラッシュアップし、往年のテレビＣＭでおなじみだったキャッチフレーズをそのまま商品名にしたことで大ヒットとなり、缶入り緑茶飲料市場の扉を開いた。

そして、この時期騒がしくなったのがコーラを巡る激しい販売競争だった。ペプシコ（現サントリー）が１９８０年代から展開していた「ペプシチャレンジキャンペーン」はより対抗心をむき出しにした。ラップ歌手・Ｍ・Ｃ・ハマーをＣＭに起用し、『ペプシ』好きのハマーがうっかり『コカ・コーラ』を口にするとバラードを歌い出してしまい、『ペプシ』を飲み直すと再びノリを取り戻すという露骨な表現が注目を浴びた。一方で、円高を追い風にほかの飲料業者や大手流通企業が輸入コーラの発売を相次いで始めた。中でも、当時スーパー大手だったダイエーは、「価格破壊」を合言葉に1本39円という常識破りの激安商品『セービング・コーラ』を売出しブームの先導役となった。

そして、１９８０年代からの流れを受けた健康志向はさらなる高まりを見せた。当初は「健康にいい」と謳いながらも科学的根拠がはっきりしない怪しい商品が少なくなかったが、１９９１（平成３）年に栄養改善法が制定され、具体的な有効性や安全性などを明記した「特定保健用食品」、いわゆるトクホのお墨付きを得た機能性飲料が各社から登場した。これにより、先行していた『ファイブミニ』（大塚製薬）や『鉄骨飲料』（サントリー）など独特な商品が軒並み大ヒットとなったほか、『ポストウォーター』（キリン）、『アミノバイタル』（味の素）などアイソトニック系飲料の新顔も次々と登場した。

そんな健康志向は、トクホ商品だけでなく通常の清涼飲料にも影響を与えた。それが〝ニアウォーター〟の流れだ。かつてのような糖分多めの甘ったるい飲料や食品が嫌われ、「ほのかな甘さ」「甘さひかえめ」を掲げた缶飲料が炭酸系、果汁入りを問わずあらゆる分野に及んだ。

SUNTORY
なっちゃん!
オレンジ
CALPIS
nude
ヌード
ノンカロリー
ノンシュガー
ビタミン B6・C・E配合
果汁1% 微炭酸
TaKaRa
カルシウムパーラー
Ca
カルシウム200
Gatorade
THIRST QUENCHER
お〜いお茶
せん茶
UCC
DRINK IT BLACK
無糖
ブラック・無糖
コーヒー
SUNTORY
COFFEE
SUPER-BLEND
BOSS
スーパーブレンド【コーヒー】
DyDo
コーヒー
DyDo Blend Coffee
KAGOME
REFRESHING
CIDER
サイダー
CRISP, TASTY CLEAR SODA
350ml
WORLD'S NO.1 Dr. NAKAMATS
YUMMY NUTRI BRAIN DRINK
ドクター中松の
頭《あたま》においしい茶《ちゃ》
CALPIS
カルピス風味
ナタ・デ・ココ
nata de coco
午後の紅茶
ストレートティー
KIRIN
KIRIN
なまむぎなまごめなまたまご
ミルクセーキ
Post Water
KIRIN
Post Water

1989

昭和天皇崩御。平成改元。消費税導入。天安門事件。リクルート事件で支持率低下した竹下登内閣が総辞職。佐賀県吉野ヶ里遺跡で世紀の大発見。

1993

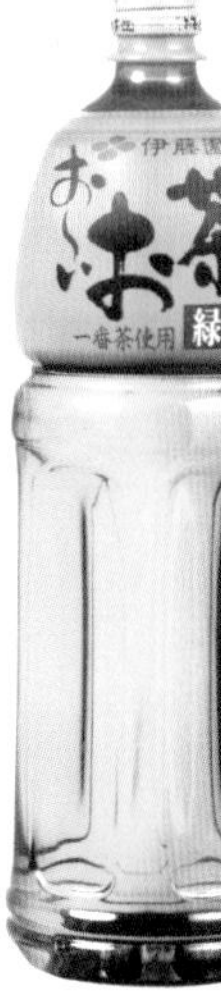

1990

耳に残る商品名で大ヒット！

お〜いお茶
[伊藤園]

1984（昭和59）年に世界初の缶入り「煎茶」を発売したものの、「煎」の字が読みにくいなどの反響もありもっと売れる商品にと戦略を練り続けた末、1970年代の同社CMで俳優・島田正吾が口にした「お〜いお茶！」のセリフをそのまま商品名に使うことを決断したという。そのフレーズをビジュアル化した書家・安達花鏡の筆による商品ロゴは緑茶飲料の代名詞となった。

1996

1992　1989

2010

2005

2000

お茶に俳句 これぞ日本のこころ

『お〜いお茶』誕生に合わせて1989（平成1）年から始まった『伊藤園お〜いお茶新俳句大賞』の募集広告。近年では「小学生の部」「中学生の部」「高校生の部」だけで全応募総数の9割以上を占めるという。

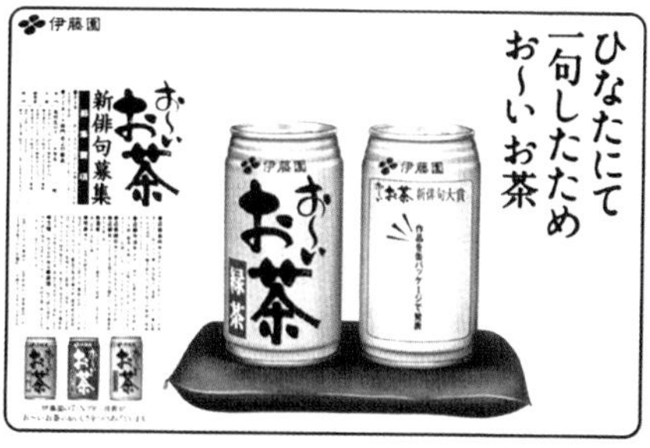

JUICE topics
ジュース トピックス

伊藤園が『お～いお茶』で無糖飲料市場の覇権を握ろうとする一方、大塚食品が埋もれていたブランド『シンビーノ』をテコ入れした『ジャワティストレート』で応戦。平成のはじまりは無糖戦争によって幕を開けた。サントリーが『モルツ』で独自路線を打ち出す。

ブルース・ブレンドコーヒー

[チェリオ]

業界で初めて缶コーヒーにアルミ缶を採用した。アルミ缶は炭酸飲料が常識だったが、液体窒素を充填することで無炭酸飲料を実現可能にした。ガブノミ系コーヒーの源流の一つだ。

珈琲たいむ

[ヤクルト本社]

1980年代前半の『コーヒー』から垢抜けたデザインへと一新したヤクルトの缶コーヒーシリーズ。他社が数年ごとにブランドを変える中、独特なロゴデザインは現在もほぼ変わらない。

ビーンズ・モカジャバ

[サッポロ(ポッカサッポロ)]

サッポロビール（現ポッカサッポロ）が1980年代後半～90年代中頃にかけて展開していたコーヒーブランド『BEANS』。ビール系メーカーによる缶コーヒーが激しく覇を競っていた。

THE COFFEE 炭焼珈琲

[UCC]

街の喫茶店で見られるようになった炭焼コーヒーを缶入りで再現。樽型の容器と高級感を醸し出すラベルデザインがコーヒー好きの興味を駆り立てた。

ウィダー カーボロード

[森永製菓]

森永製菓が米ウィダー社と提携し最初期に開発・発売されたアイソトニック・スポーツ飲料。『ウィダーin』を名乗る前の貴重な一品。

キリン ミル・クラブ まっ茶

[キリン]

アイスで味わう抹茶風味の乳飲料。旅情を誘うようなヨーロッパ調の建物が描かれているように見えるが、抹茶とどう結びつくのかはよくわからない。

1989

ベルリンの壁崩壊。日経平均株価が大納会で38,915円87銭の史上最高値をつけバブル景気頂点に。美空ひばり死去。任天堂『ゲームボーイ』発売。

ちびJ キウイ

[カルピス(アサヒ飲料)]

キウイの果肉が入った、振って飲むタイプのゼリー飲料。ゼリー飲料としてはかなり早い部類になる。

サントリー『はちみつレモン』の大ヒットに続けと、カルピスブランド(現アサヒ飲料)から矢継ぎ早に発売されたはちみつレモン飲料2種。非炭酸で体によさそうだからと、子どもに勧める親が多かったようだ。

はちみつ家族 ハニー&レモン

[カルピス(アサヒ飲料)]

二十世紀梨ドリンク

[ジェイアール西日本商事]

分割民営化で誕生したJR西日本から発売されていた珍しい梨果汁飲料。同社エリアでもある奥出雲の銘水と鳥取梨を組み合わせている。

マイハニー&レモン

[明治屋]

当時は自動販売機も展開していた明治屋の『My』ブランドのはちみつレモン飲料。英語表記のシックなデザインが目を引く。

フルーピー はちみつレモン

[ペプシコ]

こちらは「フルーピー」シリーズのはちみつレモン飲料。天然はちみつを使い、レモン1個分のビタミンC配合を謳っていた。

JUICE topics
ジュース
トピックス

各社からはちみつレモン系飲料が続々と発売され一大ブームとなる。飲み口から外れるプルタブの散乱が環境を汚すと問題になる中、宝酒造が発売したスポーツ飲料『PADI』で日本初となるステイオンタブを採用した。

ビタミン パーラー

[宝酒造]

多彩な果実を取り混ぜ、9種類のビタミンを摂取できることを謳った果汁100%濃縮還元ジュース。販売権が富永貿易に移った現在も、マルチビタミン飲料のスタンダードとして根強い人気がある。

鉄骨飲料

[サントリー]

健康飲料ブームの一翼を担った1本。鉄などミネラル分を配合し、特に女性をターゲットとした。女優の鷲尾いさ子を起用したテレビCMが話題となり、使用されていたオリジナル曲はフルコーラスにアレンジされCD化されるまでに。

2003

1998

どんな食事にも合う無糖紅茶飲料

2011

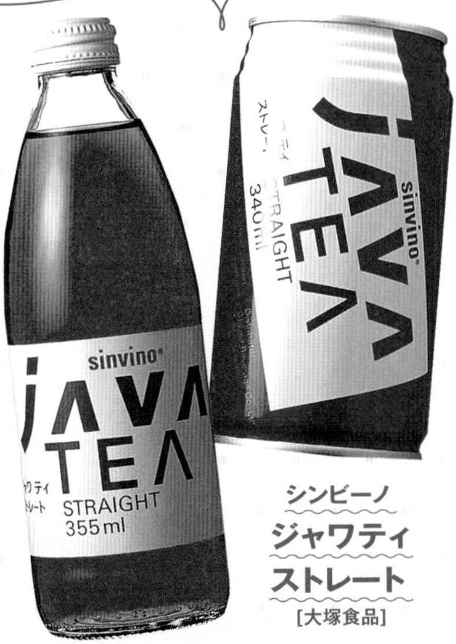

1982(昭和57)年発売の『シンビーノ』ブランドから、インドネシア・ジャワ島産茶葉を使い無香料無着色飲料として発売。和・洋・中どんな食事にも合う無糖のテーブルドリンクをコンセプトに、キリン『午後の紅茶』と並ぶ無糖紅茶飲料の代表格となった。30年以上、しっかりしたジャワティの味わいは変わらない。

シンビーノ ジャワティ ストレート

[大塚食品]

1990

バブル経済崩壊で株価は一転、急落。第1回大学入試センター試験実施。盛田昭夫・石原慎太郎共著『「NO」と言える日本』がベストセラー。「おやじギャル」が流行語に。

あったまるこ

[サントリー]

ホット専用で発売されたオレンジ系飲料。ほっこり和む笑顔のイラストはサントリーデザイン部の加藤芳夫氏によるもので、のちのオレンジ飲料『なっちゃん!』のお姉さんとなる。

ヨーグリーナライト

ピーチ

[サントリー]

『プレーン』と果汁3%の『ピーチ』で展開した乳酸菌飲料。『ヨーグリーナ』ブランドはのちにサントリーの『天然水』シリーズで復活している。

ひと花咲くソーダ

地中海レモン

[サントリー]

『地中海レモン』と『さくらんぼ』の2種で発売された。果実の風味とその花の香りが一つにとけ合った独特の炭酸飲料を目指した。

パティオ 紅茶の時間

プレーンティー

[ペプシコ]

ペプシコ系の『パティオ』ブランドとして発売された紅茶飲料。『プレーンティー(無糖)』に続き、翌年には『ストレートティー』『ミルクティー』、さらに『ロシア風紅茶』も発売された。

ジャズイン

[ペプシコ]

ペプシコから発売された炭酸入り紅茶飲料。「誰でもオイシイ成人飲料」と銘打ち、大人の雰囲気を強調するラベルデザインが印象的だった。350ml瓶入りもあった。

フルーツ合衆国30

アップル

[カルピス(アサヒ飲料)]

カルピス(現アサヒ飲料)から発売された果汁飲料シリーズで、『アップル』のほか『マスカット』など多彩に展開。CMソングはゴーバンズの『スペシャルボーイフレンド』。

JUICE topics
ジュース トピックス

ビール業界ではキリン『一番搾り生』が大ヒット。バブル経済は崩壊するも、まだ危機感が薄かった飲料業界ではその余韻を楽しむかのように、あの手この手と画期的な商品を相次いで投入してきた。しかし、一時しのぎの感は否めず、短命に終わるものが多かった。

J.O.
オリジナルブレンドプレミアム
[アサヒ飲料]

『NOVA』からブランドを一新。コーヒー独特の香りと飲みごたえをコンセプトに高級豆を使用した。名前は米東海岸の学生がコーヒーを「ジョー」と呼んだのが由来とか。

キッサ
スタンダードティー
アッサム・レモン
[キッコーマン]

キッコーマンが展開したコーヒー・紅茶飲料のブランドで『XISSA』は「キッサ」と読む。コーヒーはシティロースト粗挽き、紅茶はアッサムなどの茶葉を使用し、本格派テイストを目指した。

霧の紅茶
アップルティー
[UCC]

コーヒー大手のUCCが立ち上げた缶紅茶ブランド『霧の紅茶』。現在は沖縄で販売されネットでも購入可能。白地に茶葉をイメージさせる金色のロゴがあしらわれ、缶の縁の色は風味によって赤やベージュなど変えていた。

本格派のおいしさ「My」ブランド

マイコーヒー／マイティータイム
[明治屋]

老舗明治屋のブランド『My』の名を冠して登場したコーヒー・お茶系飲料のシリーズ。コーヒーは『キリマンジャロブレンド』『モカブレンド炭焼き』、お茶類では『ダージリンティー』などこだわりを感じさせるラインナップ。贈答用需要のイメージが強い明治屋の商品にも、流行の波が及んでいたのかもしれない。

湾岸戦争勃発。東京都庁が新宿高層ビル街の新庁舎に移転。雲仙普賢岳で大火砕流が発生。ジュリアナ東京スタイルが流行。SMAP が CD デビュー。

~1991

1990

現代人の新しいライフウォーター

キリン ポストウォーター

［キリン］

「人間科学飲料」の触れ込みで発売されたスポーツ系飲料。体液に近い浸透圧、低カロリー、ソルトフリー、大豆サポニン配合、ミネラル・ビタミンC添加とあり、「現代人のための新しいライフウォーター」と容器に記載が。CMではブルース・ウィリスによる映画『ダイ・ハード』ばりのアクションシーンが描かれた。

捨てるのがもったいない!? 歴代のユニークな容器

1993
ツイストボトル

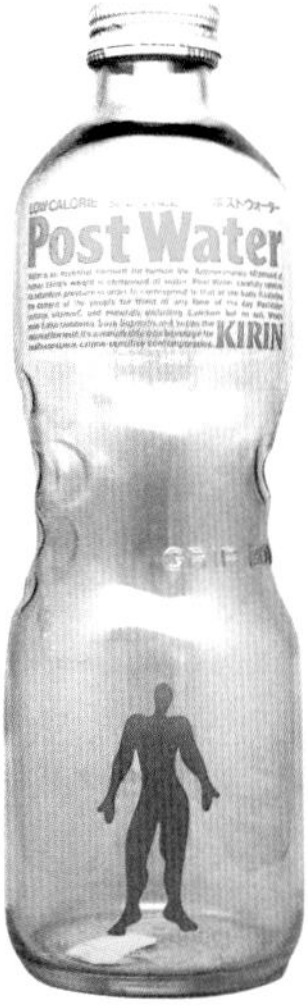

1992
グリップボトル

1991
フラスコ型ボトル

『ポカリスエット』や『アクエリアス』など強力なライバルに負けじと、相当な予算が注ぎ込まれたと思われる『ポストウォーター』。ぜいたくな広告戦略だけでなく、フラスコ型をはじめ個性的な容器を次々と採用し、店の陳列棚で人目を引きつける作戦を取った。小容量ペットボトルの登場前で、これらはすべてワンウェイタイプのガラス瓶。飲料パッケージの歴史に確かな1ページを残したのは間違いない。これもバブル期の勢いなのだろう。

この頃、『ポカリスエット』発売から10年が経過し新たなスポーツ飲料の波が業界に渦巻いていた。水分補給だけでなく、スタミナ補給を強調するなど種類も幅広くなっていった。この流れに政府も敏感に対応、特定保健用食品表示許可制度が施行された。

1991

ウィルソン スポーツドリンク

[ペプシコ]

ペプシコが米スポーツ用品メーカーのウィルソンの名前を冠して1980年代から発売していたスポーツドリンクのリニューアルデザイン缶。当初のキャッチコピーは「水よりも、カラダにおいしい」。

ゲータレード

[雪印食品]

日本での『ゲータレード』は1970年代に大正製薬が粉末タイプを売り出したのが最初で、この頃は雪印食品が商権を持ち缶飲料を販売していた。プラ製スクイーズボトルなどノベルティも作られ、ファッションアイテムとしての人気もあった。

カルシウム パーラー

[宝酒造]

先に発売の『ビタミンパーラー』に、クエン酸リンゴ酸カルシウム(CCM)を配合した果汁発酵乳飲料『カルシウムパーラー』が加わり2種展開となった『パーラー』シリーズ。ボトルのデザインもリニューアルされた。現在は特定保健用食品となり、富永貿易から発売。

「熱血スタミナ源」入りの健康飲料!!

熱血飲料

[サントリー]

スタミナ増進、疲労回復などに役立つというオクタコサノールを配合、バリバリ働くサラリーマンの栄養補給を訴求した。唐沢寿明が「奥田古佐典」なるサラリーマンに扮し、これを飲むとスーパーヒーロー「熱血キッド」に変身する特撮番組のようなシリーズCMが作られた。

1991

米ソ核軍縮を発表。横綱千代の富士が引退。代わって若貴ブームが大相撲界に到来。ソビエト連邦が崩壊。1960年代リバイバルがブームに。

ビター&レモン

[カルピス(アサヒ飲料)]

カルピスブランド(現アサヒ飲料)で1980年代から発売されていた、苦みを効かせたシトラス系炭酸飲料。この頃は350ml缶も登場していた。

ゴマスリーナ

[サントリー]

ゴマとミルクをブレンドしたヘルシーさを売りにした自称「世渡り上手飲料」。ごま豆腐のような味だった気がするが、好景気の時代にはユニークな商品が出てくるものだ。

キリンなまむぎなまごめなまたまご

[キリン]

舌を噛みそうな長〜いネーミングと、落語家「麒麟亭早口」のイラストもユニークな記憶に残る1本。肝心の中身は、麦芽・玄米エキスと卵黄を使用したミルクセーキだった。

グレープフルーツ/アップル/バレンシアオレンジ

[良品計画]

セゾングループのプライベートブランドから発展し、西友の子会社として設立した良品計画。同社で独自開発した清涼飲料を発売。写真の果汁100%ジュース3種のほか、コーヒー、ウーロン茶、コーラ(輸入品)などが加わった。

カルピスウォーター

[カルピス(アサヒ飲料)]

水で薄めずそのまま飲める『カルピス』がついに登場。甘さひかえめで登場したが、それまで飲む人の好みで濃さがまちまちだったものを、公式に「この味!」と提示されたことに驚く声が少なくなかった。

実のある果汁 オレンジ

[伊藤園]

“つぶつぶ”とは少し違う、食物繊維を含んだ果肉の食感を味わう新感覚果汁飲料。『オレンジ』『ぶどう』『グレープフルーツ』があった。現在はギフト商品として販売中。

JUICE topics
ジュース トピックス

まだバブルの余韻が残っていた頃で、飲料業界ではハリウッドスターをCMに起用するなど、青天井の広告費を使った派手な宣伝も当たり前のように行われていた。『カルピスウォーター』が発売され、この年を代表するヒット商品に。

ダイドー ブレンド コーヒー
[ダイドードリンコ]

ビール系飲料メーカーから異業種参入とバトルロワイヤルの様相を呈してきた缶コーヒー戦争の中、1975（昭和50）年から続く老舗ブランドは、缶のデザインも変えず不動の人気に支えられていた。

コーラ
[三本珈琲]

クリームソーダ
[三本珈琲]

横浜に本社を置くコーヒー業者・三本珈琲が展開する『M.M.C』ブランドの缶飲料。缶コーヒーだけでなく、炭酸飲料や果汁飲料、茶飲料などもあり、民営化直後のJR東日本各駅の自販機などで販売されていた。

ウエスト セレクションブレンド
[サントリー]

1987（昭和62）年発売のサントリーのコーヒーブランド『ウエスト』。本格派を謳う缶コーヒーの走りだったが、後発のライバルが次々と現れ、徐々に劣勢を強いられた。

マイルドコーヒー
[資生堂]

レモンティー
[資生堂]

バブル期、資生堂も『Drink Port』の名で自販機による飲料事業をスタート。系列化粧品店の店頭などに自販機を設置していた。コーヒー、紅茶のほか、烏龍茶、炭酸飲料、ポタージュスープなど、幅広いラインナップで展開。

トラッド マイルドコーヒー
[カルピス（アサヒ飲料）]

カルピス（現アサヒ飲料）のコーヒーブランド『トラッド』。カルピスは1991（平成3）年に味の素グループ傘下となり、翌年にコーヒーは『ブレンディ』に取って代わられる。

日本人宇宙飛行士・毛利衛が宇宙へ出発。バルセロナ五輪で当時14歳の岩崎恭子が水泳で金メダル獲得。東海道新幹線に『のぞみ』デビュー。

~1992

1991

魅惑の紅茶
ストレートティー
[サッポロ(ポッカサッポロ)]

サッポロビール(現ポッカサッポロ)から発売された缶紅茶ブランド。甘さひかえめの『ストレートティー』と、『ミルクティー』『レモンティー』があった。

午後の紅茶 ストレートティー
[キリン]

250ml缶と、かなり珍しい600mlガラス瓶入り。1lペットボトル入りはすでにあったが、この当時はまだ小型ペットボトルの使用が解禁されていなかった。

日東紅茶
紅茶の国から
ヨーロピアン
ブランディーティー
[三井農林]

昭和初期から親しまれた『三井紅茶』の流れをくむ『日東紅茶』ブランドから発売された缶紅茶シリーズ。老舗ブランドも時代のトレンドを無視できなかったのだろう。

紅茶伝説
レモンティー
[カルピス(アサヒ飲料)]

コーヒーの『トラッド』と同じくカルピス(現アサヒ飲料)から発売され、味の素傘下入り後も継続販売された缶紅茶シリーズ。『ミルクティー』のほか、350ml缶『ストレートティー』なども。

紅茶の樹
レモン紅茶
[サントリー]

ブランド名である『紅茶の樹』は印影でひかえめにし、商品名を大きく目立たせているデザインが面白い。プリンセス・プリンセスの『KISS』がCMソングに使われた。

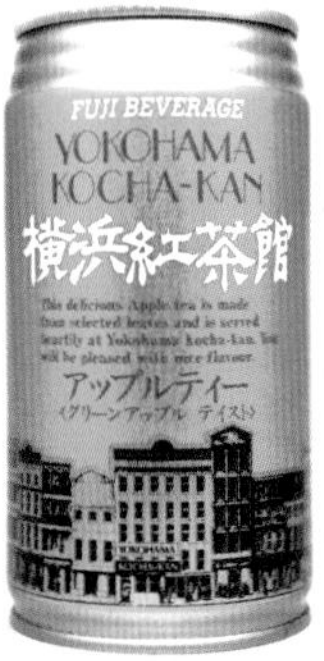

横浜紅茶館
アップルティー
[富士ビバレッジ(コカ・コーラ)]

神奈川、静岡、山梨で展開する富士コカ・コーラボトリング(現コカ・コーラセントラルジャパン)の関連会社から発売された缶紅茶シリーズ。コーヒーブランド『横濱館』に準じたネーミングである。

JUICE topics
ジュース トピックス

ラップ歌手 M.C. ハマーが『コカ・コーラ』を飲むとバラードを歌い、『ペプシコーラ』を飲むと元に戻るという露骨な比較 CM が放映され話題に。ファミリーレストランのガストが業界初のドリンクバーを導入した。

1992

ティークオリティ ティーオーレ
[アサヒ飲料]

『午後の紅茶』の牙城を崩さんと「クオリティ戦略」で勝負に出たアサヒ飲料の缶紅茶ブランド。中山美穂が広告に起用され、英国のティーブレンダー、デビッド・パンターと共演した。

紅茶花伝 ダージリンハーブティー
[コカ・コーラ]

コカ・コーラの茶飲料ブランド『SIMBA』から独立。能の理論書「風姿花伝」をもじったネーミングで上品さを強調。現在も続くロングセラーブランドだ。

午後の紅茶 ファインエステート ダージリンストレートティー
[キリン]

缶紅茶界のリーディングブランドとなった『午後の紅茶』に加わった高級シリーズ。それまでセイロンティーをメインにしていた"ゴゴティー"だが、本品ではダージリンを使用。CMにはマイケル・J・フォックスを起用した。

サンキスト レモンウォーター
[森永製菓]

『サンキスト』ブランドで発売された甘さひかえめのレモン水飲料。ミネラルウォーターなど無糖飲料が一般化したタイミングと合致しヒットした。

コーラス ウォーター
[森永乳業]

『森永コーラス』からも水で薄めずそのまま飲める、『コーラスウォーター』の缶タイプが登場。信州の名水を使い、スッキリとした飲み心地をアピールした。

カリフォルニア コーラ
[国分]

1990年代中頃にかけて突如湧き上がった輸入コーラブームの前後に上陸した1本。2000年代までは販売されていたようだ。

サイダー
[カゴメ]

ラベルの通り、見事なまでの「出オチ」系炭酸飲料である。当然ながらサイの味などいっさいしないノーマルな味のサイダーだった。

1992

テレビドラマ『ずっとあなたが好きだった』で佐野史郎演じる「冬彦さん」が話題に。国家公務員の週休2日制がスタート。

キリンオズモ

［キリン］

『デカビタC』が仕掛けた炭酸栄養飲料戦争にビール系最大手も参戦。コレステロールや血中脂質を低下させる働きを持つイノシートル、γ-リノレン酸など5つの天然素材にビタミンCとEを配合し「リフレッシュ飲料」のキャッチコピーを掲げた。CMにはダウンタウンを起用した。

デカビタC

［サントリー］

ライバルの独壇場だった炭酸栄養飲料に約2倍の210ml大容量で勝負に挑んだ。塾通いの小学生が競合飲料を2本まとめて持っていたのを見た開発担当者が着想。ストレートに「デッカイビタミンC」からネーミングした。Jリーグのスター・三浦知良をCMに起用した。

3代目の『アクエリアス』が登場!

ビィグ・スーパー・洋なし

［チェリオ］

『BYG』はチェリオが展開した500ml大容量の炭酸飲料シリーズ。『レモン』『グレープ』『メロン』などスタンダードな味が並ぶ中、こうした変化球を混ぜてくるところにチェリオの遊び心が垣間見える。

ごっくんくらぶ スポーツドリンク／スポーツコーラ

［オリエンタル］

即席カレーなどで知られる名古屋の食品メーカー・オリエンタルから発売された飲料ブランド。『スポーツコーラ』という一見相反するような組み合わせを実現させた力技は、既存の飲料メーカーからは出てこない発想かもしれない。

アクエリアス イオシス レモン

［コカ・コーラ］

アクエリアス ネオ

［コカ・コーラ］

『ポカリスエット』（大塚製薬）と人気を二分するアイソトニック飲料が、『ネオ』とレモン風味の『イオシス』にリニューアル。より体液に近い浸透圧を目指し、ライトな飲み心地に。CMソングはMr.Childrenの『innocent world』だった。

JUICE topics ジュース トピックス

この年、紅茶飲料の競争がますます激しさを増した。王者“ゴゴティー”に追いつけ追い越せと、大手総合飲料メーカーだけでなく、老舗紅茶メーカーも装いも新たに参戦。一方の『午後の紅茶』は、高級志向を打ち出してライバルの追い落としにかかった。

ココア
[明治製菓(明治)]

森永製菓と並ぶココアブランドの明治製菓が発売していた缶ココア飲料。1990年代後半には『ミルクココア』を名乗り人気を得たが、その後ポッカサッポロでの販売となった。

水出し珈琲
[UCC]

オランダ領時代のインドネシアで考案された苦みの強い豆「ロブスタ種」を水で濾過する抽出技術の風味を缶コーヒーで再現。冷蔵保存に向くことから夏季限定のアイス用として定番化した。

サントリー「BOSS」登場!

ボス スーパーブレンド
[サントリー]

ボス ミルクテイスト
[サントリー]

ボス ブレンド
[サントリー]

ボス スーパーブレンド
(Kiosk専用)
[サントリー]

ボス カフェ・オ・レ
[サントリー]

1992(平成4)年の誕生以来、根強い人気を誇るコーヒーブランド『ボス』。パイプをくわえた紳士が描かれたトレードマークも不変。『ボス』のネーミングには「働く人の理想」という意味が込められており、初代CMに起用された矢沢永吉が“しがないサラリーマン”を演じる姿は多くの共感を呼んだ。

コラム❺

『BOSS』デザインギャラリー

こだわりテイストには シックなデザイン缶

1999
カフェオレ

1999
無糖

1998
セブン

1996
プラスワン

1994
マイルドロースト

2001
シャープ

1998
シャープ

2001
HG

2001
HG マイルド

2002
モカ&ブラジル

2002
ネオセブン

2002
無糖ブラック

「働く男たちの理想」＝「ボス」との思いから名付けられたサントリーの缶コーヒーブランド『ボス』。缶コーヒーのスタンダードサイズが250g缶だった1990年代初頭、仕事の合間の休憩で飲み切るには丁度いいと190g缶をメイン商品に据えた。ロゴの字体はバリエーションに応じて変化するも、パイプをくわえた男のマークは不動である。

シーンに合わせて 味も「男」も変化する!

2003
休憩中

2003
仕事中

2003
カロリーオフ

2003
赤道ブレンド

2003
低糖

2004
無糖ブラック

2004
微糖深煎り

2004
休憩中

2004
仕事中

2003
マウントカフェ

2000年代になると電話をかけたり楽器を吹いたり新聞を読んだりと「男」の動作に変化が現れている。世は「失われた20年」などと呼ばれたネガティブな時代。「働く男」のイメージも発売当初の30年前から変貌を遂げているが、片手に握れる小さなコーヒー缶の中の「男」は今も変わらず、かすかな笑みを浮かべながら斜め上に視線を向け続けている。

2004
マイロード

2004
ダブルブラック無糖

2004
カフェオレ

1993

プロサッカーＪリーグが始まる。日本代表のドーハの悲劇など、サッカーがスポーツの話題の中心に。皇太子(現天皇陛下)・雅子様ご成婚。レインボーブリッジ開通。

シャキシャキの食感もいい感じ!

すりおろしりんご

[宝酒造]

すりおろしたリンゴのシャキシャキとした食感が味わえる果汁30%飲料。「高原のおいしい水」を使った、さっぱりした甘みで大ヒット商品となった。

子どもが安心して飲める野菜エッセンスを加えた微炭酸果汁飲料。缶にはフランスの絵本作家ミッシェル・ゲイによるカバの子ども「ノモノモくん」一家が描かれている。

キリンノモノモ
青りんご＋ほうれん草／オレンジ＋にんじん

[キリン]

ホットカルピス

[カルピス(アサヒ飲料)]

大ヒットとなった『カルピスウォーター』をベースにしたホット専用の商品。ホットに適応するため、すっきりした甘さに酸味を抑えたまろやかな味わいに調整した。冬でも飲めるカルピスとして定番化。

ナタ・デ・ココ in オレンジ

[伊藤園]

グミのような食感で、この当時一大ブームを起こしたデザート素材「ナタ・デ・ココ」の粒を含有した果汁20%飲料。

カネボウ食品『ベルミー』ブランドから発売された果汁2%のなし飲料。新発売時にはプルタブをめくると1000円(定額小為替)が当たるキャンペーンも実施。

あっさりさっぱり なし

[カネボウ食品(クラシエフーズ)]

JUICE topics ジュース トピックス

Jリーグ人気に乗った公式スポンサーのサントリーや、当時日本代表協賛企業だったカルピス（現アサヒ飲料）などから関連飲料が次々と発売された。また、三浦知良らスター選手をCMに起用するケースも急増した。

ピコー
イングリッシュストレートティー／イングリッシュミルクティー／ファインレモンティー／
[サントリー]

茶葉の名前である「オレンジ・ペコ」の「ペコ」を商品名に使うつもりが商標登録が取れなかったため『ピコー』にしたとか。しかし、ケガの功名か、外国人の女の子2人がリズムよく歌い「ピコー！」と声を上げるCMが消費者の心を捉え、大ヒットに繋がった。

男のコーヒー『MAJOR』誕生！

フリーダム
オリジナルブレンド
[ペプシコ]

フリーダム
プレミアムブレンド
[ペプシコ]

メジャー
クリアブレンド
[UCC]

メジャー
リッチブレンド
[UCC]

ペプシコが1980年代後半に発売した缶コーヒーシリーズ。写真の『プレミアムブレンド』『オリジナルブレンド』のほか、『炭焼珈琲コロンビアブレンド』『キリマンジャロブレンド』『ケニアブレンド』など豊富な種類を揃えていた。

コーヒー会社の缶コーヒーを旗印に『クリアブレンド』『リッチブレンド』の2種で展開。キャッチコピーは「香り、キレ、うまみ。男のメジャー誕生」。20～30代男性をメインターゲットに想定し、CMには世良公則を起用した。

前年発足した細川連立内閣が1年足らずで崩壊。円高が加速し1ドル100円割れ。リレハンメル冬季五輪開催。松本サリン事件。

~1994

キリン烏龍茶
鳳凰
[キリン]

キリン独自開発の「多葉・香味選別抽出法」により、ウーロン茶の持つ香りとコクを最大限に引き出した贅を感じさせる味に仕上げたという。俳優の中井貴一をCMに起用した。

猿王
[ロッテ]

『猿王』とは中国福建省安寧産の高級茶葉「鉄観音」の一種で、崖地に自生していたものを猿に取らせたことに由来する名。それを知ると変な名前などと不用意に言えなくなる。

お茶どうぞ
十六茶
[アサヒ飲料]

シャンソン化粧品が開発し、ティーバッグとして発売したのが『十六茶』の最初。1993(平成5)年からアサヒ飲料と提携し缶とペットボトルで『お茶どうぞ』シリーズの一つとして発売された。

緑茶
[サントリー]

“マル茶”の愛称で親しまれた緑茶飲料。「京都の老舗のお茶屋さんのお茶」をコンセプトに、京言葉で親しまれたタレントで服飾評論家の市田ひろみがCMに登場。『伊右衛門』の先祖というべき存在。

“透明コーラ”として話題に。テレビCMにはニュースキャスターの俵孝太郎が登場し、同商品の発売で富士山が透明になるなど世界中で珍現象が発生中とレポートする姿が印象的だった。

タブ・クリア
[コカ・コーラ]

元は『紅茶花伝』なども属していた『SIMBA/神葉』ブランドから無糖茶飲料ブランド『茶流彩彩』として再構築。『煎茶』『烏龍茶』『玉露』のほか、のちに独立ブランドとなる『爽健美茶』もここから誕生。

茶流彩彩
爽健美茶
[コカ・コーラ]

茶流彩彩
煎茶
[コカ・コーラ]

この頃、『爽健美茶』や『お茶どうぞ十六茶』など、様々な種類の茶葉や樹の実などをブレンドしたオリジナル茶飲料が各社から発売された。一方、折からのスイーツブームに乗り、「ナタ・デ・ココ」入り飲料が増え始めたのもこの頃だ。

1994

リアルゴールド L-CAN
[コカ・コーラ]

褐色瓶入りの栄養炭酸飲料が各社から発売され覇を競う中で、先行していた『リアルゴールド』はあえて缶入りにリニューアルした。

J ウォーター
[サントリー]

サッカーJリーグの公式スポンサーとなったサントリーが発売した、Jリーグ公式のタイアップ・スポーツ飲料。この前年には所属各チームのマスコットキャラが描かれた『NCAA』の限定缶も発売された。

ブレインパワー
[チェリオ]

脳を活性化するDHAを配合した『ブレインパワー』。DHA(ドコサヘキサエン酸)は、青魚によく含まれる血液をサラサラにし、頭の回転にもよいとされる成分。これは効きそうだ。

キリン力水
[キリン]

DHAとマルチビタミン配合をアピールし、仕事や勉強の合間に飲むリフレッシュ炭酸をコンセプトに発売。『ポストウォーター』といい、小型ペットボトル解禁前のキリンの容器へのこだわりを感じさせる。

カルピス風味 ナタ・デ・ココ
[カルピス(アサヒ飲料)]

ブーム渦中だったナタ・デ・ココと日本伝統の乳酸菌飲料『カルピス』による、必然としかいいようがない組み合わせ。ブームが去っても紙パック入りなどで販売された。

シャキッと 夏みかん
[伊藤園]

夏みかんのつぶつぶが入った夏季限定の果汁飲料。パッケージにははじける水しぶきが描かれているが、炭酸は入っていない。

キリンオレンジ きりり
[キリン]

天然水とのブレンドを強調したオレンジ果汁飲料。『C.C.レモン』とともに1990年代にブームとなった“ニアウォーター”の一角。

C.C.レモン
[サントリー]

レモン50個分のビタミンC配合をアピールした微炭酸飲料。演歌歌手の水前寺清子が歌うCMソングも評判となり大ヒット。シンプルなレモンイエローのデザインも印象的だ。

ソニー『プレイステーション』発売。日本初の女性宇宙飛行士・向井千秋さんが宇宙へ。薬師寺保栄と辰吉丈一郎の統一王座決定戦。

1994

ドクター中松の頭においしい茶

[チェリオ]

愉快な発明家・ドクター中松が10年かけて研究発明したという"頭においしい要素"を配合。缶裏には「頭においしい要素の原料を15種類ブレンドしたビタミン・ミネラル類豊富な自然健康頭脳飲料」とある。

減肥茶 太極拳

[サッポロ(ポッカサッポロ)]

ハト麦、プーアル黒茶、ウーロン茶、ハブ茶、杜仲の葉、陳皮、ハスの葉、ビワの葉など漢方に使われる原料を取り混ぜ、健康飲料であることをアピール。

暴暴茶

[ポッカ(ポッカサッポロ)]

商品名も気になるが、「ジャッキー・チェン製作」の一文が目を引く。『暴暴茶』は古くから中国で飲まれていた健康茶で「暴飲暴食したあとに飲む」意味で名付けられたという。

チョコボールドリンク

(チョコ)

[森永製菓]

森永製菓の人気お菓子を缶入り乳飲料化。ココアパウダーにピーナッツペースト、カカオマスを原料に『チョコボール』感を忠実に再現した。

リプトン アイスミルクティー ガムヌキ

[リプトン(サントリー)]

紅茶の老舗『リプトン』ブランド(現サントリー)から発売された缶入り無糖ミルクティー飲料。「ガムヌキ」の文字がやたら目を引く。

セービングコーラ

[ダイエー]

バブル崩壊後の不景気を安さで乗り切れと、当時最大手スーパーだったダイエーが「価格破壊」を掲げて発売した輸入コーラ。1本39円で6本ケースでも228円という衝撃価格だった。

JUICE topics ジュース トピックス

円高を逆手に取って輸入飲料を業績回復の糸口にしようと、ダイエーをはじめスーパー各社が1本50円を下回る激安コーラを次々に発売した。一方、『ジョージア』（コカ・コーラ）から戦略的商品『エメラルドマウンテンブレンド』が登場。サントリー『ボス』とのガチンコ対決に。

神戸居留地 オリジナルブレンド コーヒー

［富永貿易］

『神戸居留地』は低コスト戦略で中堅スーパーやディスカウントストアなどを中心に低価格飲料を展開する定番ブランド。写真を使ったちょっとおしゃれな初期ラベル。

バーディ ハッピーマウンテン ブレンド

［ペプシコ］

ペプシコの缶コーヒーブランド。『ハッピーマウンテンブレンド』『ラッキーマウンテンブレンド』と銘打ち、根津甚八をCMに起用して、飲めば運気が向いてくるかも? とアピール。

ジョージア エメラルドマウンテン ブレンド

［コカ・コーラ］

コロンビアコーヒー生産者連合会（FNC）認定の希少高級豆を使用し『ジョージア』ブランドのフラッグシップ商品として登場した通称“エメマン”。初代キャッチコピーは「男のやすらぎ」。サンバ調の明るい音楽を使ったCMは他社のものと一線を画した。

UCC BLACK 無糖

［UCC］

1990年代の缶コーヒー戦争のさなかに登場した、キレの無糖ブラックコーヒーの定番商品。ディープ・パープルの『ブラック・ナイト』を使い「原材料：コーヒー、以上。」とだけ呼びかけるCMが潔さを感じさせた。

味もデザインも シンプル・イズ・ベスト

文字の配置など、細かな変更はあるものの、一貫した硬派なデザインに商品への自信が伝わってくる。

2017

2014

2009

2005

1995

阪神淡路大震災が発生。地下鉄サリン事件。ウインドウズ95発売でインターネット時代が到来。アニメ『新世紀エヴァンゲリオン』放送。

レイディオ

[コカ・コーラ]

「ゴクゴク飲める微炭酸飲料」のキャッチコピーで発売。本家『コカ・コーラ』とはちょっと違う、かすかなライムの香りで飲みやすさを強調した。

ザクア

[UCC]

スポーツ後の水分補給に加え、人間の機動力に必要な瞬発力、加速力、持続力などのエネルギー補給機能をアピールしたスポーツ飲料。CMにはロベルト・バッジョを起用した。

カンフー

[サントリー]

ローヤルゼリーとキキョウ、カミツレ、ナツメ、クコ、レイシといった漢方系エキス5種を配合した健康系炭酸飲料。人気絶頂期を迎えていたSMAPの香取慎吾をCMに起用。

キリンメッツ シトラスライム

[キリン]

爽やかなライムをぎゅっと搾ったような果汁を活かし、後味さっぱりに仕上げた炭酸飲料。当初は原色ラベルが特徴だった『キリンメッツ』だったが、1990年代は淡いカラーに変わった。

ヴァーム

[明治乳業(明治)]

「V.A.A.M」とは17種類のアミノ酸を科学的に再現したスズメバチアミノ酸混合物。運動による体脂肪の減少を助けることを訴求し、スポーツジムなどでも販売された。

神戸居留地 サイダー

[富永貿易]

『コーヒー』と同じく低価格路線で販路を広げたサイダー飲料。現在もほぼ変わらないデザインで続いているロングセラーの『サイダー』だ。

JUICE topics
ジュース トピックス

大地震にカルト宗教による物騒な事件など暗い世相が影を落とす中、飲料業界も迷走の様相を呈するように。大手コカ・コーラが『コカ・コーラ』をあえて名乗らない新たなコーラ飲料を若者向けに発売。アイドルグループ・SMAPのメンバーが飲料CMに登場。

味わいカルピス
[カルピス(アサヒ飲料)]

「おなかにやさしいオリゴ糖入り」をアピール。国産牛乳を加え、ミルク濃いめに仕上げた。いつものカルピスよりコクのある風味で人気となった。

カフェオ
[アサヒ飲料]

アイス専用のノンシュガーカフェオレ飲料。甘くはないがクリーミーでコクのある味わいが特徴で、飲みごたえがあった。

無垢な紅茶
[伊藤園]

有機・無農薬栽培のセイロン(スリランカ)産ウバを100%使用した無糖紅茶飲料。「お茶の伊藤園」ならではの上品で香り高いストレートティー。

マティー340
[ブルボン]

高級感のある洋菓子で知られるブルボンが発売した茶飲料『マティー』。南米産のマテ茶とほうじ茶をブレンドし、健康志向のお茶を誕生させた。

キリン大黒茶
[キリン]

大麦、玄米、豆類など五穀を使用した無糖茶飲料。パッケージには大黒様と稲穂が描かれ、ふくよかで豊かな味わいを強調。「新しい日本のお茶」をアピールした。

B.j. キリマンジャロブレンド
[明治乳業(明治)]

『珈琲貴族』シリーズからリニューアルしたコーヒーブランド。販促品としてブランドロゴが刻印されたジッポーライターまで作られた。

1996

アトランタ五輪開催。病原性大腸菌「O157」による食中毒が全国各地で発生。ルーズソックスが女子中高生の間で大流行。

神戸居留地 LASコーラ
［富永貿易］

ダイエーが仕掛けた激安コーラブームの中で生まれた商品。この時期、海外コーラのライセンス生産ものが各飲料メーカーやスーパーのプライベートブランドなどから続々出現した。

JOLTコーラ
［UCC］

1990(平成2)年、ビートたけしをCMに起用し、他社のコーラより「カフェイン2倍」を売りに登場。だが、シャープすぎる味が敬遠されたらしく、この時期にはマイルドな味に刷新された。

オリエンタルコーラ
［オリエンタル］

コーラらしい赤地に『オリエンタルカレー』のトレードマーク「オリエンタル坊や」の顔が大きく描かれたラベルが特徴的なコーラ。どことなくカレーの味がイメージされてしまう。

ミニッツメイド ピンク・グレープフルーツ
［コカ・コーラ］

元はアメリカ発祥の果実飲料ブランドで、コカ・コーラがこの年から国産化。女性を中心に人気が高く、現在は業務用商品として航空機のドリンクサービスでも飲める。

おいしい栄養 活かすバナナ
［伊藤園］

栄養豊富なイメージのバナナをミルクとともに手軽に飲める飲料。忙しい朝の食事代わり需要にマッチしてヒット。各社からも競合商品が発売された。

マッチ
［大塚食品］

ビタミン・ミネラル入りの微炭酸飲料。軽く汗をかいたあとにちょうどいい爽やかなシンクロトニックドリンクとして発売。

キリンレモン オリジナル
［キリン］

この時点で70年近い長寿ブランドとなっていたプライドを具現化した190mlサイズのプレミアムバージョン。一方で伝統の麒麟のトレードマークが外されている。

JUICE topics ジュース トピックス

米コカ・コーラが以前にも増して本気の五輪キャンペーンを展開。日本独自ブランドである缶コーヒーブランド『ジョージア』を現地で売るのではとの噂も流れる。業界自主規制の撤廃により、500ml ペットボトル飲料が続々登場。

午後の紅茶 ロイヤル

[キリン]

英国伝統の飲み方である、ミルクから入れるぜいたくな紅茶抽出法を人気ブランドで再現。"ゴゴティー"ブランドの新たな柱に成長した。

キリン＜バンホーテン＞ ミルクココア

[キリン]

オランダの世界的ココアブランドの名を冠し、上質なココアパウダーと牛乳25%を加えた本格仕立てをアピール。甘くてコクのある味わいで冬の需要に応えた。

Teao ストレートティー

[アサヒ飲料]

「ノンシュガーでノンカロリー」をキャッチコピーに、ほのかな甘さを加えた無糖紅茶飲料。テレビCMには財前直見を起用し、カロリーを気にする若い女性をターゲットにした。

ミスティオ グレープフルーツ

[ダイドードリンコ]

「新・ミスト系飲料」と銘打ち、かなり弱めな炭酸に果汁30%と天然水を使ったニアウォーター系飲料。CMソングは安室奈美恵の『Don't wanna cry』。

オリゴCCレモン

[カルピス(アサヒ飲料)]

この頃、カルピス（現アサヒ飲料）が注力していた大豆オリゴ糖を使ったレモン果肉入り果汁飲料。レモン50個分のビタミンC入り。

キリン天然育ち りんごの炭酸水／ぶどうの炭酸水

[キリン]

天然水の使用と無着色を強調し、ニアウォーターの流れに寄せつつ、炭酸飲料として仕上げた。メジャーデビューしたばかりだったPUFFYの『アジアの純真』をCMに使い、本人らも登場して曲ともども大ヒットとなった。

消費税が3%から5%に引き上げ。ナゴヤドーム、大阪ドームが相次いで完成。山一證券が廃業、北海道拓殖銀行が経営破綻するなど金融危機に。

～1997

1996

1964（昭和39）年に誕生した不二家の看板ドリンク。250g缶に加え、350gビッグサイズと900mlペットボトル入りによる他容器展開を始めた。フルーツをまるごと裏ごししたピューレの独特な食感は平成に入っても根強い人気を得ていた。（下）190gの6缶パック。

不二家ネクター
ピーチ／ミックス
［不二家］

レモンスカッシュ
［不二家］

『ネクター』と並ぶ不二家の定番飲料『スカッシュ』シリーズも350ml缶が登場。『レモンスカッシュ』はビタミンC入りを強調。

JUICE topics
ジュース トピックス

クリントン米大統領(実はそっくりさん)が登場するサントリー『ボス』の CM「ガツンと言ってやる」編がサラリーマンたちの間で話題となる。

1997

「人生をwonderfulにするコーヒー」とのコンセプトでブランドを命名。初代CMには、この年のマスターズ・トーナメントを史上最年少で制したタイガー・ウッズが登場した。当時の広告には、高級アラビカ種豆を使用し香り引き立つ半直火式焙煎による5段階ローストなどを採用した「ワンダフル製法」とあった。

ワンダ
ブルーマウンテンブレンドEX
[アサヒ飲料]

ワンダ
オリジナルブレンド
[アサヒ飲料]

ワンダ
ワンダフルブレンド
[アサヒ飲料]

バヤリース
さらさらトマト
[アサヒ飲料]

トマトジュースというよりも果汁飲料に近く、サラッと飲みやすいのが特徴。いわゆる「血液サラサラ」ブームの走りというべきアイテムだ。

POSTER 1997

深くて、キレるコーヒー『JACK』

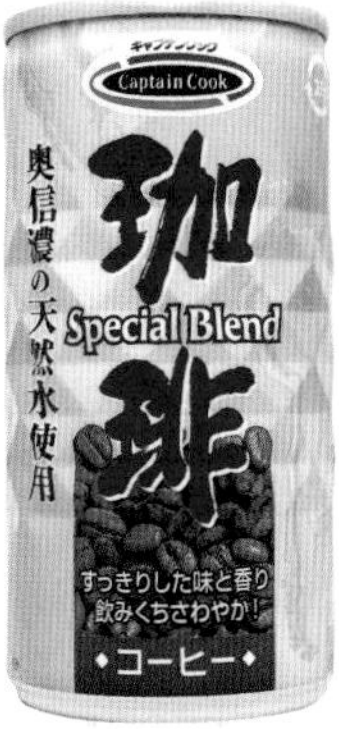

キャプテンクック
スペシャルブレンドコーヒー
[ダイエー]

ダイエー系列のプライベートブランドから発売の缶コーヒー。「奥信濃の天然水使用」とあり、こちらにもニアウォーターブームの影響が及んでいたようだ。

ジャック
プレミアムブレンド
[サッポロ(ポッカサッポロ)]

ブルーのボディが鮮やかなサッポロ(現ポッカサッポロ)のコーヒーブランド。すでに故人だった松田優作の『探偵物語』の合成映像を使ったCMが話題になった。

長野冬季オリンピック開催。サッカーワールドカップ・フランス大会に日本代表が初出場。映画『タイタニック』公開。横浜ベイスターズが38年ぶりにセ・リーグ制覇。

~1998

1997

小型ペットボトル入り初登場！

キリンサプリ
[キリン]

ニアウォーター市場の決定版というべき1本。食物繊維、カルシウム、ビタミンCとBを天然水にブレンドしたグレープフルーツ味の“飲むサプリメント”。

カテキンウォーター
[伊藤園]

緑茶に強みを持つ伊藤園ならではのアイソトニック飲料。緑茶カテキンにビタミンC・Eを加え抗酸化作用をアピール。化学の参考書のような説明書きを配置した、知識で飲ませるドリンク。

カルピスウォーター
[カルピス(アサヒ飲料)]

小型ペットボトルの業界自主規制が解消され、500ml入りが登場。甘さひかえめが当初の売りだったが、ニアウォーターブームの中にあってはかえって濃い目に感じられた。

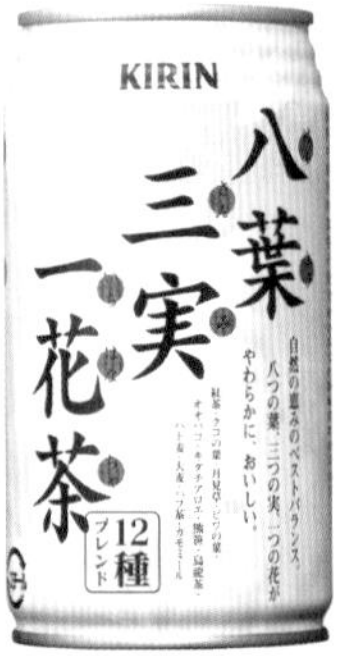

キリン 八葉三実一花茶
[キリン]

ハト麦、ハブ茶、クコの葉などに加え、茶飲料としては初めてのキダチアロエ、オオバコ、さらにハーブのカモミールも加えた健康志向の“おいしい”お茶を目指した。

テジャワ
[大塚食品]

厳選されたジャワ島産茶葉のしっかりした味わいと豊かな香り、ミルクのコクが調和した、まろやかですっきりした味わいのミルクティ。国産牛乳100%使用。

メロン クリームソーダ
[ロッテ]

商品自体は1980年代から発売されていたが、時流に乗ってか微炭酸となり、パッケージデザインもリニューアル。大容量350mlアルミ缶入りとなった。

さらら茶
[ブルボン]

はとむぎ、大麦、玄米、大豆、はぶ茶、プアール茶などの素材を使い、クセがなく飲みやすい味をアピール。この時期、茶飲料はどの素材を入れるかで個性を競った。

JUICE topics ジュース トピックス

キリンビールが長野オリンピックの国内公式スポンサーに。水感覚の「ニアウォーター」飲料が各社から発売。「ペプシを飲んで宇宙へ行こう」キャンペーンが話題となる。O157問題でカテキンが体によいとの評判が広がり、茶飲料に注目が集まる。

1998

果汁飲料『なっちゃん!』誕生!!

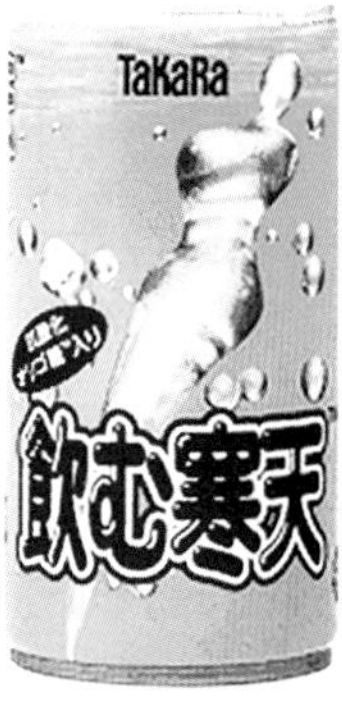

飲む寒天

[宝酒造]

みつ豆寒天約1000個分以上のオリゴ糖などが配合され、抗酸化作用を謳った機能性飲料。写真のグレープフルーツ味のほか、とうがらし入りの西洋なし味もあった。

ヌード 青いシトラスミックス

[カルピス(アサヒ飲料)]

カルピス(現アサヒ飲料)から発売されたノンシュガー、ノンカロリーを謳った微炭酸飲料。ビタミンB6・C・E配合。ライム、スウィーティー、青オレンジの青づくしシトラス味。

なっちゃん! オレンジ

[サントリー]

『サントリー エード』の後継ブランドとして登場した果汁飲料。砂糖を加えず、ひかえめの甘みに仕上げた。さりげない笑顔のデザインは最高の癒やし。広告にも力を入れ、駆け出しだった女優・田中麗奈が初代「なっちゃん」となり映画仕立てのCMが話題となった。

カカオ搾り

[ロッテ]

主力菓子製品『ガーナチョコレート』のパッケージカラーである赤と黒のツートンカラーラベルが目を引く。カカオに含まれるポリフェノール300mgを配合したチョコレートドリンク。

デミタス

[伊藤園]

苦みを効かせたイタリアンなキャップ付き缶コーヒー飲料。この頃、安全面への配慮から缶コーヒーの蓋面にプラスチックのカバーが付いたタイプがよく見られた。

煌 厳選茶葉烏龍茶

[コカ・コーラ]

『茶流彩彩』ブランドから独立したウーロン茶ブランド。『煌(ファン)』は「エネルギッシュなイメージで前向きな気持ちや姿勢を表現」しているという。

1999

ノストラダムスの大予言の大外れが判明。政府が消費冷え込み対策として、地域振興券を子どもや高齢者に支給。若い女性たちの間で厚底シューズが流行。

キッス
ほんのりももと発酵乳
[チェリオ]

1982(昭和57)年発売の『スィートキッス』から脈々と続く、チェリオ『キッス』シリーズの中の1本。ほんのりと桃の風味が香る、ホッとする味わいの発酵乳飲料。

ファイア
深煎り「コク」ダブル
[キリン]

ファイア
深煎りビター
[キリン]

ファイア
深煎りレギュラー
[キリン]

12年続いた『ジャイブ』のあとを引き継ぎ、現在も続く缶コーヒーブランド。「直火珈琲」をキャッチコピーに掲げ、パッケージには立体刻印の炎を大きく配置。『深煎りレギュラー』『深煎りビター』など4種を取り揃えた。CMソングはスティービー・ワンダーの『フィール・ザ・ファイア』。

爽健美茶
[コカ・コーラ]

『煌』と同じく、『茶流彩彩』から独立した商品。CMソングの歌詞にあったように、はとむぎ、玄米、月見草のほか、大麦、ドクダミ、明日葉など13種類に及ぶ素材を使用している。

チョコバナナ
[山崎製パン]

食物繊維入りを強調したチョコバナナ飲料。パン屋さんの店先に置かれた山崎製パン独自の自販機などで売られていたようだ。

ごめんね.
[サントリー]

ピーチ、白ぶどう、グレープフルーツ果汁をブレンドした超微炭酸飲料。『ごめんね.』は、「やさしい気持ちになれる言葉」としてネーミングされたという。

Qoo オレンジ
[コカ・コーラ]

「カルシウム入り」を明記し、子どもにも安心な飲料をアピールしたオレンジ果汁飲料。オリジナルキャラクターの「クー」は、CMにも登場。

JUICE topics ジュース トピックス

1年後に迫った2000年問題(Y2K)の恐れから、ミネラルウォーターの備蓄需要が発生したとか。ペットボトル飲料の売り上げが缶飲料を上回る。子どもに支給された地域振興券を使ってもらおうというわけか、子どもをターゲットにした飲料発売がこの年目立った。

なっちゃん! アップル
[サントリー]

『なっちゃん!』いろいろ

サントリーが 1998 年に発売したオレンジ果汁飲料の新スタンダード『なっちゃん!』。「いつも笑顔の中心に!」のキャッチコピーを体現したシンプルな笑顔が描かれたラベルは四半世紀を経た今も愛され続けている。そんな笑顔ラベルの変遷をお楽しみいただきたい。

① 2000

② 2000

③ 2002

⑩ 2006

⑪ 2000

④ 2007

⑤ 2009

⑥ 2006

⑫ 2003

⑬ 2004

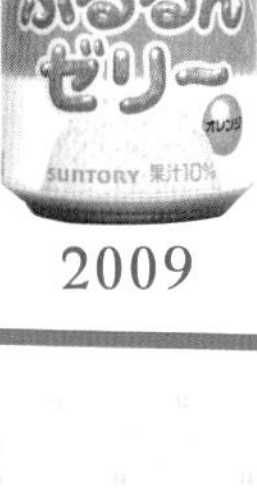

⑦ 2009

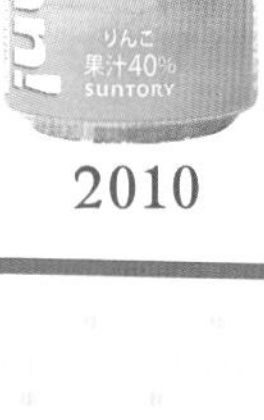

⑧ 2010

⑨ 2010

1.白ぶどう/2.グレープフルーツ/3.赤ぶどう/4.温州みかん/5.のみごろりんご/6.トロピカル・レインボー/7.ぷるるんゼリー/8.natchan! りんご/9.natchan! そのままりんご/10.ダブルりんご/11.はちみつレモン/12.なっちゃんのヒミツ/13.なっちゃんスムージー オレンジ&マンゴー

仁義なき？ダイエットコーラ戦争

構成・文／足立謙二

1世紀以上激しい競争を続けてきた『コカ・コーラ』と『ペプシコーラ』。特にペプシは、対抗心をむき出しにした広告戦略がたびたび話題になるなど世間を騒がせ続けている。そんな両者が1980年代からつばぜり合いを続けているダイエット系コーラ戦争にスポットライトを当てる。

1984

コカ・コーラ ライト

アメリカで1982（昭和57）年に発売された『ダイエット・コーク』を日本向けにローカライズし、カロリーゼロを掲げて1984（昭和59）年に発売された初代『コカ・コーラ ライト』。厚生省（当時）に認可されたばかりの甘味料・アスパルテームを使用していた。

1982

ダイエットペプシ

アメリカでの『ペプシ・ライト』試験発売と同時期に発売された、日本初の人工甘味料（サッカリン）使用による『ダイエットペプシ』。アメリカで注目のダイエット飲料との触れ込みも、日本人にダイエットへの理解が乏しかったためか、大きな話題には至らなかった。

〝コーラ戦争〟激化が日本で顕著になったのは1980年代前半、いわゆるダイエット系コーラが登場した頃だった。ペプシコから初代『ダイエットペプシ』が発売されたのは1975（昭和50）年。コカ・コーラは『コカ・コーラ』単一の味を堅持すべくしばらく静観していたが、1984（昭和59）年に本国版『ダイエット・コーク』をローカライズした『コカ・コーラ ライト』を発売し迎撃体制を敷いた。しかし、どちらも味的に日本人のコーラへのイメージからズレていたようで、受けは今ひとつだった。

その後、甘さひかえめの飲料が国内のトレンドとなる中で、1990年代後半頃にダイエット系コーラの商機が到来した。2000年代には『ペプシ ネックス』や『コカ・コーラ ゼロ』など風味的にも支持された定番化商品が登場し、日本にも本格的ダイエット系コーラ時代が到来。現在に至っている。

2008

ノーカロリー
コカ・コーラ

2007

コカ・コーラ ゼロ

2004

コカ・コーラ
C2

1999

ダイエット コカ・コーラ

日本コカ・コーラ陣営では、『コカ・コーラ ライト』に改良を重ねつつ販売を継続。1999（平成 11）年には甘味料の大幅改良により本国の名称に準じた『ダイエット コカ・コーラ』を発売した。一方、満を持して発売した『コカ・コーラ C2』は短命に終わるが、2007（平成 19）年、黒いラベルをまとった『コカ・コーラ ゼロ』の発売で一定の成果を得る。

2015

ペプシ
ストロングゼロ

2006

ペプシ ネックス

1998

ダイエット ペプシ

1994

ペプシ MX

「『コカ・コーラ ライト』は『ペプシ』の 12 倍のカロリー」などと挑発的な広告を打ち出した『ペプシ』陣営だったが、日本人が求める“コーラらしい味”と限りなくゼロに近づけるローカロリーの両立を追求すべく、1990 年代にかけて試行錯誤を続けた。

2000~'18

JUICE Chronicle OUTLINE

２０００年代になると、90年代からの健康志向がより加速する中で、ジュースの世界における流行り廃りは、短いサイクルで湧いては消えるを繰り返した。その中で、顕著な流れの一つとなったのが缶コーヒーの世界だ。リーディングブランドである『ジョージア』が不動の人気を維持する一方、サントリー『ボス』、アサヒ飲料『ワンダ』、キリン『ファイア』など１９９９（平成11）年までに出揃ったビールメーカー系ブランドは少しでもトップに迫ろうとしのぎを削った。使用する豆の高級感や希少性をアピールしたり、本物のコーヒーさえ凌駕するような勢いのこだわりの抽出方法を前面に打ち出したりと、それぞれ個性のひねり出しに苦心した様子が、ラベルに記載された説明書きなどから垣間見られた。また、製法の向上などによりブラックコーヒー缶の質も向上した。

一方、炭酸飲料の需要は２００６（平成18）年頃から減少傾向になっていった。『コカ・コーラ ゼロ』や『ペプシ ネックス』などカロリーゼロのコーラが幅を利かせ始めた反面、『ファンタ』に代表される果汁炭酸飲料はやや存在感が薄らいでいるのは寂しい限りといえよう。

とはいえ、炭酸飲料には新たな動きも生まれた。『ウィルキンソンタンサン』などそれまで酒類の割り物であるクラブソーダの扱いにとどまっていた無糖炭酸水が、そのまま飲める飲料として見直されるようになったのだ。

従来より強い炭酸を使いキレのよさを味わわせる手法が消費者を捉え、レモン風味などを加えたものなども登場した。

さらにもう一つ、炭酸飲料に新風を吹き込んだのがエナジードリンクの新勢力だ。１９９０年代にサントリーが『デカビタＣ』をヒットさせて最初のブームを作ったカテゴリーだが、２００５（平成17）年にやってきた〝黒船〟、『レッドブル』の登場は一つの革命といえた。高めの糖質とカフェインを含み、一見すると時代に逆行しそうな中身だが、仕事や勉強中の学生、深夜までやり込むゲームフリークたちのエネルギー充填にはもってこいとの評価が高まり、一大市場に成長。『モンスターエナジー』など後発が次々と現れた。『ライフガードＸ』『ファンタＲ18』など、従来ブランドからも参戦。缶コーヒーの世界にも波及し、カフェイン多めを謳う『ジョージア シャキーン！』なども登場した。

SUNTORY
Gokuri
グレープフルーツ
SANGARIA
みっくちゅじゅーちゅ
喫茶店の味
KIRIN CHIBI LEMON
BOURBON
HAWAIIAN
ハワイアンコーヒー
COFFEE
ココナッツ
Hawaiian Blend
コーヒー
SUNTORY
LIFE PARTNER
ライフパートナー
DAKARA
カラダ・バランス飲料
Red Bull
アミノ
カルピス
Amino CALPIS
英才型
EI SAI KEI
7種のアミノ酸700mg
小岩井リンゴ
KOIWAI
小岩井純水果汁
リンゴ
Original Recipe
果汁30%
KIRIN
boco
ダイエットサポート飲料
FAT SALT SUGAR
フキゲン
ウォーター
カルシウム・ローヤルゼリー・テアニン配合
GEORGIA
シャキーン!
朝のリフレッシュ
コーヒー
Fanta
栄養炭酸ドリンク
気分をチャージ!!
KIRIN
大人のキリンレモン
糖類ゼロ
早摘みレモン使用
炭酸飲料
果汁1%
Bireley's
とろけるゼリー
ぶどう
バヤリース
果汁25%
チェリオ
LIFEGUAR
DEKAVITA
デカボンベ
パワー満タン
炭酸飲料
SUNTORY

2000

シドニー五輪が開催され、高橋尚子が女子マラソンで金メダル。ハッピーマンデー制度始まる。前年にサービス開始のNTTドコモの『iモード』がブームに。イチローが大リーグ移籍。

ジョージア エリアブレンド
南国／関西／関東／北国
[コカ・コーラ]

北国は『豊かな甘さとコク』、関東は『すっきり後味』、関西は『味わうミルク感』、南国は『深い苦味とコク』と4つのバリエーションで展開。この頃、ビール業界でも地方の特色を活かしたエリア限定商品を出しており、これに準じた流れだろうか。

しみじみ緑茶
[サントリー]

「縁側で日向ぼっこをしながらお茶を飲む」という佇まいをコンセプトに商品化。スティーブン・セガールの息子・剣太郎セガールがCMに登場。

キリン 生茶
[キリン]

苦み・渋みを強調した緑茶飲料が多い中、アミノ酸の一種テアニンに着目し「うまみ」と「甘み」を軸とした新しい緑茶として発売され大ヒットした。

午後の紅茶
ストレートティー
[キリン]

“ゴゴティー”ブランドの顔である『ストレートティー』が、大人の女性向けをコンセプトにリニューアル。ラベルデザインは一段と上品なものに。

JUICE topics
ジュース トピックス

サントリー『DAKARA』が奇抜なテレビCMで大ヒット商品に。松嶋菜々子をCMに起用したキリン『生茶』も話題に。東京・銀座にスターバックスコーヒー1号店がオープン。

キリン Speed
[キリン]

西武ライオンズのエースだった松坂大輔が愛飲していたオリジナルドリンクをヒントに、「松坂ブランド」を前面にアピールしたスポーツ飲料。スピーディーに次への活力へ導く“スピードチャージ”を表現した。

DAKARA
[サントリー]

栄養は流さないカラダの相棒！

カルシウムなどのミネラルや食物繊維など栄養素の摂取と、体に余分とされる脂肪分、糖分、塩分の排出をアピールした「カラダ・バランス飲料」。小便小僧が何人も並んで話し合っているシュールなCMが話題になった。

キリン チビレモン
[キリン]

炭酸飲料の原点を追求。日本初のチビペットボトルを開発し、市場へのインパクトを狙った。2001(平成13)年グッドデザイン賞コミュニケーション部門受賞。

アクアリバイブ
[カルピス(アサヒ飲料)]

カルピス(現アサヒ飲料)から発売されたスポーツ飲料。分岐鎖アミノ酸(バリン、ロイシン、イソロイシン)、ミネラルを含み、体液に近い浸透圧でスムーズな水分補給を謳った。

ハワイアンコーヒー ハワイアンブレンド 190
[ブルボン]

ブルボンから発売の飲料はペットボトル入りの印象が強かったが、コーヒー、お茶を缶飲料で展開していた。ココアは現在もボトルなどで販売中。

2001年、東京ディズニーシーとユニバーサル・スタジオ・ジャパンが相次いでオープン。2002年、サッカーワールドカップ日韓大会開催。ゴマフアザラシのタマちゃんが話題に。

~2002

2001

三ツ矢サイダー
クラシックテイスト
[アサヒ飲料]

昭和初期当時の味とラベルを500ml缶で再現した。「三ツ矢サイダーハ伝統ト歴史ニ培ワレタ美味シイ炭酸飲料デス」との記載も。

抹茶
ミルク練り製法
[伊藤園]

宇治産の抹茶に牛乳を50%使い、独自の「ミルク練り製法」によりミルク感の強いコクのある風味が特徴だった。

みっくちゅ
じゅーちゅ
[日本サンガリア]

大阪の喫茶店の定番メニューを朝日放送の番組との共同企画によって商品化。商品名のデザインは赤井英和の直筆によるもの。

喫茶店定番の味を忠実に再現!

かわいいデザインに
やわらかな味わい

午後の紅茶 ベビーリーフ
ももストレートティー/りんごミルクティー
[キリン]

若葉を使って低温で抽出し、苦みが少ないやわらかな味わいに仕上げた。「もも」「りんご」果汁を加えたフレーバーティーだった。

JUICE topics
ジュース トピックス

平成不況から抜け出せない中、昭和レトロブームが台頭。『三ツ矢サイダー クラシックテイスト』に代表される復刻デザイン飲料の発売がこの頃から顕著に。キリン『アミノサプリ』の登場でアミノ酸飲料ブームが各社に波及した。

2002

フキゲン クリームソーダ
[アサヒ飲料]

フキゲン ウォーター
[アサヒ飲料]

不機嫌そうな子ども「フッキー」が「やーなことリセットしよ!」とつぶやくイラストがユニークな『フキゲン』。その後10種類ほどの味が登場。上の2種は2004(平成16)年発売。

ファンタ ゴールデンアップル
[コカ・コーラ]

1970年代、一部地域で目撃されたなど噂が出回り「幻の『ファンタ』」とされていたブツが正式に商品化され、マニアの間に衝撃が走った、とか。

ワンダ モーニングショット
[アサヒ飲料]

缶コーヒーが最も飲まれている時間帯が午前中であることに着目し、「朝専用缶コーヒー」をキャッチコピーに打ち出して大ヒット。『WONDA』ブランドの顔となった。

ゴクリ グレープフルーツ
[サントリー]

果肉をふんだんに使い、フルーツをまるごとかじるような飲み応えが特徴。甘さを抑えた強めの酸味も受けて大ヒットした。

みるくみるく コーヒー190
[ブルボン]

まろやかさとコクのある味わいのコーヒー。ラテアートをイメージしたミルクの渦とかわいらしい顔が描かれたデザインが目を引く。

キリン アミノサプリ
[キリン]

「天才アミノ酸」をキャッチコピーに、体脂肪、疲れ、集中力、美肌などに効果があるとアピール。アミノ酸飲料ブームの先駆けとなった。

ライフガード
[チェリオ]

色付きペットボトルの規制により、光による色あせ防止にボトル全体をラベルで包む「フルシュリンク」パッケージが採用された。

2003年、アニメ映画『千と千尋の神隠し』がアカデミー賞長編アニメ映画賞を受賞。六本木ヒルズがオープン。2004年、韓流ドラマがブームに。

~2004

2003

ボコ
[コカ・コーラ]

ギムネマエキスや塩分吸収を抑えるイノシトールを配合し、ダイエット対応を謳う。大きく描かれた漢字の「凹(ボコ)」が印象的だ。

ペプシツイスト
[サントリー]

サントリーと米ペプシコが共同開発し、『C.C.レモン』などで培った柑橘系のノウハウを取り入れたレモン風味のコーラ。

アミノカルピス
[カルピス(アサヒ飲料)]

従来の『カルピス』に、体を元気に保つ働きがあるとされるアミノ酸を配合。さらなる健康志向飲料を目指して発売された。

夏はこれでほてりを抑え
味も楽しむ 2way！

氷晶
お茶／烏龍茶／ポストニックアミノ／レモンウォーター
[日本サンガリア]

業界初の冷凍対応ペットボトル飲料として発売された『氷晶』シリーズ。少し溶けたところでボトルを揉んでシャカシャカ振ると、シャーベット状になるなどユニークな食感を提唱し大ヒット。地球温暖化が進み、夏の猛暑が強烈になる中で売り上げを伸ばした。

刺激が走る不滅のカッコよさ！

キリンメッツ
アップルスカッシュ
[キリン]

白地に赤いロゴの『メッツ』というと『ライチ』の印象が強い。だが『アップルスカッシュ』のほうが発売は早い。

JUICE topics
ジュース トピックス

花王『ヘルシア緑茶』が大ヒット。機能性茶飲料が中年サラリーマンらの間でブームとなる。サンガリアが冷凍対応の新機軸飲料を発売し話題に。サントリーが新緑茶ブランド『伊右衛門』を発売。

2004

神戸居留地 レモン25

［富永貿易］

レモン25個分のビタミンC（500㎎）を配合し、リフレッシュ感を謳った微炭酸飲料。100g当たり19kcalとカロリーオフ。

リプトン スパークル レモンティーソーダ

［サントリー］

レモンティーの風味と微炭酸をかけ合わせ、伝統の『リプトン』ブランドを冠して発売。甘さを抑えた引き締まった味に仕上げた。

ワンダ ネクストステージ

［アサヒ飲料］

ペルー産を中心に有機豆100%を使用したプレミアムタイプ。「ひきたて抽出」でコーヒー豆の風味を最大限に引き出したとする。

アミノカルピス 英才型

［カルピス(アサヒ飲料)］

先に発売した『アミノカルピス』のバージョンアップ版。7種類のアミノ酸700㎎とDHA、ブドウ糖を配合した。

色とりどりで
わくわくもはじける!?

カリフォルニア コーラ／グレープソーダ／レモンライム

［国分］

1990年代半ばの激安輸入コーラブームの中で発売された『カリフォルニア』シリーズ。2000年代になっても継続販売されていたようだ。

小岩井純水果汁 リンゴ

［キリン］

キリンビバレッジが資本参加した『小岩井』ブランドから発売された果汁飲料シリーズ。純粋仕上げのスッキリした味わい。

コカ・コーラ C2

［コカ・コーラ］

コカ・コーラ史上初めて、日本で先行発売されたローカロリーコーラ飲料。人工甘味料が苦手というニーズを元に開発された。

2005年、プロ野球セ・パ交流戦始まる。つくばエクスプレスが開業。クールビズが流行。2006年、表参道ヒルズがオープン。トリノ冬季五輪で荒川静香が金メダル。

~2006

2005

神戸居留地
ガツンゴールド

[富永貿易]

アルギニン、ガラナエキス、ローヤルゼリーに7種のビタミンを配合した栄養炭酸飲料。現在はラベルの「G」がひし形になっている。

バブルマン
グレープフラッシュ

[サントリー]

謎のヒーロー『バブルマン』の炭酸飲料。テレビCMでは「遊んでくれよ～」のセリフが印象深かった。

まろやか
フルーツオレ280

[ブルボン]

3種類の果汁（もも、リンゴ、パインアップル）に豆乳とミルクをブレンド。「おいしくからだにうれしい」をアピール。

ミルキュー

[カルピス（アサヒ飲料）]

タンパク質の割合を母乳に近づけ、消化吸収をしやすくした乳性飲料。カルシウムやビタミンEなど母乳に含まれる栄養素も加えた。

レッドブル
エナジードリンク

[レッドブル]

オーストリア発祥。「翼をさずける。」のキャッチコピーで有名になり、2005（平成17）年に日本上陸。エナジードリンクブームの先駆けとなった。

あわだち飲料
こどもののみもの

[日本サンガリア]

グラスに注ぐとふわふわ泡立つ「泡立ち飲料」。大人と一緒に子どもも「カンパイ」が楽しめるユニークな炭酸飲料だ。

キリンレモン77

[キリン]

『77』は「セブンセブン」と読む。「スカイシュート」という架空のスポーツを描いた、やたら凝ったアニメのCMがインパクト大だった。

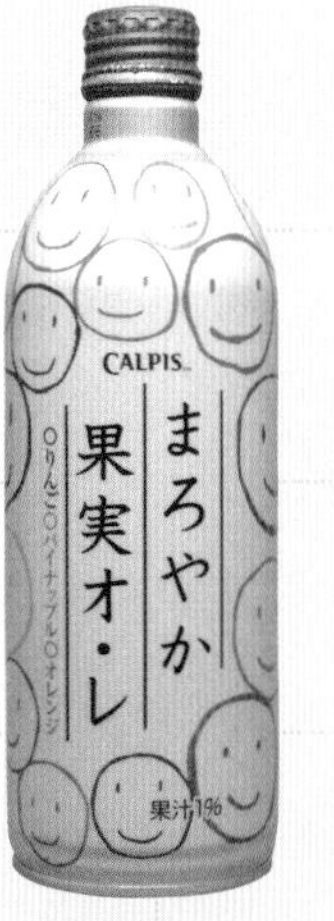

まろやか
果実オ・レ

[カルピス（アサヒ飲料）]

リンゴ、パイナップル、オレンジ果汁をブレンドした乳酸菌飲料。『カルピス』のまろやかさと果汁のうまみがほどよくマッチした。

21世紀の黒船、『レッドブル』が日本に上陸し、エナジードリンク市場拡大の道筋をつける。缶コーヒー勢もこれに刺激され、無糖ブラックコーヒーを中心に新商品投入が相次ぐ。一方、いわゆる“酸素ボンベ型”の500ml アルミ缶が炭酸飲料などで使われるように。

2006

グァテマラジェヌイン・アンティグア 100% BLACK 無糖

[UCC]

高級豆100%使用、富士川水系の天然水による水出し低音抽出、アロマフリージング製法による『ブラック無糖』の高級バージョン。

ファイア 挽きたて工房／挽きたてBLACK＜無糖＞

[キリン]

缶コーヒーに鮮度管理という概念を取り入れ、高級感を演出。豆を挽いてから24時間以内に抽出し、香りを逃さない製法を用いた。熱風で焙煎したあと直火でひとあぶりして香りを引き出している。

ネーミングのユーモアもバクハツ！

炭酸ボンベ

[サントリー]

デカビタチャージ デカボンベ

[サントリー]

2002(平成14)年頃から出回っていた缶の形状が、酸素ボンベのようだとの見立てから発想されたのは想像に難くない。ユーモア精神が社風というべきサントリーならではの企画だ。「うまさバクハツ」って、『炭酸ボンベ』でそのコピーとは！

栄養炭酸でオトナ気分をチャージ!?

ファンタ R18

[コカ・コーラ]

大人に憧れる年頃のハイティーンをターゲットに、ちょっとキワドイ『R18』とネーミング。マカ、ガラナ、カフェイン入りの“オトナの『ファンタ』”。

2007年、Twitterがサービス開始。バーチャルアイドル『初音ミク』誕生。 2008年、iPhone日本上陸。北京五輪開催。リーマン・ショック発生。

～2010

2007・8・9

2008

発売から6年目となった『モーニングショット』が新豆仕様となって一新。一方、『金の微糖』、大容量の『ボディショットブラック』など"甘くない"コーヒー路線が市場で幅を利かせるようになったのがこの頃だ。

ワンダ
ボディショットブラック／モーニングショット／金の微糖
［アサヒ飲料］

2007
ライフガード
［チェリオ］

時代に合わせて形状を変更してきた『ライフガード』のペットボトルが「ひょうたん」型に。迷彩色も深みのあるスタイリッシュな色合いになった。

2008
生粋 微糖
［サッポロ(ポッカサッポロ)］

北海道で先行発売され、2008(平成20)年全国販売に。『JACK』の後継ブランドだったが、ポッカサッポロへの統合で数年後に姿を消した。

練乳ベースでまろやか
超クリーミー！

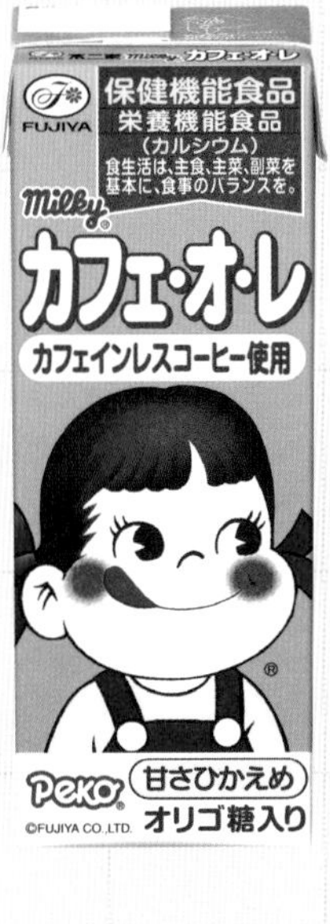

2009
ミルキー カフェ・オ・レ
［不二家］

カルシウムを強化し、カフェインレスコーヒーを使用。『ミルキー』らしさを表現するために練乳をベースにしたまろやかな味わい。子どもでも安心なカフェインレス。

2009
TULLY'S COFFEE BARISTA'S CHOICE Black
［伊藤園］

2007(平成19)年からタリーズブランド製品を発売していた伊藤園による初のボトル缶無糖ブラックコーヒー。

JUICE topics ジュース トピックス

『コカ・コーラ ゼロ』(コカ・コーラ)発売をきっかけに、『三ツ矢サイダー オールゼロ』など食品・飲料業界に「ゼロ」を冠した商品が多数発売。『ファンタふるふるシェイカー』のヒットにより、古豪『バヤリース』も競合商品を出して対抗した。

2009

三ツ矢サイダー オールゼロ

[アサヒ飲料]

ブームとなったゼロネーミングをまとった『三ツ矢サイダー』の新バージョン。無糖だがシャープな甘みがある。

リボンシトロン 100周年

[ポッカサッポロ]

1909年の『シトロン』誕生から100周年を記念したデザインボトル。懐かしい「リボンちゃん」が登場。相棒の犬は「シトロン君」。

バヤリース ふって感じる とろけるゼリー ぶどう/オレンジ

[アサヒ飲料]

果実をまるごと裏ごしして固めたゼリーに、ナタ・デ・ココを入れて新食感をアピール。振り方によってゼリーの崩れ方が変わり、様々な食感を楽しめる。『パイナップル』『マンゴー』『バナナ』も追加された。

2010

キリン 大人のキリンレモン

[キリン]

大人が満足できる「おいしさ」と「カロリーゼロ」の両立を狙い、『キリンレモン』に懐かしさを覚える世代にアピールした。

ファンタ 天才エネルギー

[コカ・コーラ]

ティーンのための頭脳系炭酸飲料。テアニン、アスパラギン酸、ガラナエキス、ローヤルゼリーを配合。『リアルゴールド』に似た味?

バヤリース つぶリッチ オレンジ/グレープフルーツ

[アサヒ飲料]

ベリーズ産バレンシア果汁30%にオレンジゼリーを加えた『つぶリッチ オレンジ』、シチリア産レモン果汁と粒状ゼリーによる『つぶリッチ レモン』、フロリダ産グレープフルーツ果汁と粒状ゼリーの『つぶリッチ グレープフルーツ』の3種で展開した。

2011年、東日本大震災発生。なでしこジャパンがサッカー女子ワールドカップ優勝。2012年、東京スカイツリー開業。2013年、『くまモン』などご当地キャラが注目される。

~2014

2011・12

2012
モンスターエナジー
［アサヒ飲料］

米モンスタービバレッジが発売し、日本では2012（平成24）年からアサヒ飲料が発売。日本版は355ml缶でカフェイン142㎎を含有。

2012
限定復刻 三ツ矢サイダー
［アサヒ飲料］

「全糖」をアピールしていた1969（昭和44）年頃の『三ツ矢サイダー』の味を忠実に再現。ラベルもほぼ当時のデザインに準じている。

2011
リボンナポリン 100周年
［ポッカサッポロ］

2009（平成21）年の『リボンシトロン』に続き、北海道民のソウルドリンクも100周年を迎え、記念ボトルが登場。

2011
朝のYoo
［伊藤園］

伊藤園グループとなったチチヤスと共同開発した「乳酸菌入り清涼飲料」。1000億個の乳酸菌を使用している。

ビタミンB群、アルギニンを配合し、甘味料にはスクラロース、アセスルファムカリウムを使用。コピーは「エナジーそのまま、無糖の翼も」。

2012
レッドブル シュガーフリー
［レッドブル］

赤肉イチゴ（センガセンガナ種）3個分の果汁と丸絞りリンゴ果汁にミルクをブレンドした甘酸っぱさとまろやかさが溶け込んだ味。

2012
バヤリース パーラーズレシピ 大人のいちごミルク
［アサヒ飲料］

2012
オランジーナ スパークリング
［サントリー］

フランスでは1936（昭和11）年発売の国民的飲料。開栓前に容器を逆さにし沈殿した果肉を混ぜる飲み方がちょっと不思議だった。

JUICE topics
ジュース
トピックス

フランスの国民的飲料『オランジーナ』がサントリーから発売され大ヒット。“モンエナ”こと『モンスターエナジー』(アサヒ飲料)の発売で、エナジードリンク市場の競争は一段と熾烈に。この頃、『ウィルキンソンタンサン』など無糖炭酸水の消費が拡大。

2013・14

2014
ライフガードX
[チェリオ]

『ライフガード』とミックスフルーツ系の香料をブレンドしたエナジー炭酸飲料。エナジー飲料でありながら、スッキリと飲みやすいテイスト。

2013
バヤリース
小粋な
チョコバナナ
[アサヒ飲料]

バナナ果汁10%使用で、ホット、コールドどちらでも楽しめる。バナナを抱いてるかわいい猿のキャラは、「チョコざる」。

あなたなら
どれをチョイスする?

2014

ジョージア
オフスイッチ／シャキーン!／オンスイッチ
[コカ・コーラ]

シチュエーションに応じてチョイスする『ジョージア』の変わり種シリーズ。大きな文字でそれぞれの機能が明記されていてわかりやすい。『シャキーン!』はブドウ糖1000㎎配合で、『WONDAモーニングショット』への対抗心が伝わる。

レモン&ライムが爽やかに復刻!

2014
三ツ矢
レモラ
[アサヒ飲料]

1967(昭和42)～1979(昭和54)年まで販売された『三ツ矢レモラ』のペットボトル入り復刻版。サークルKサンクス限定販売だった。

2015年、北陸新幹線が開業。東京都渋谷区が同性カップルに結婚相当の証明書を発行。2016年、天皇陛下(現上皇)が生前退位の意向を示唆。

~2018

2015・16

2015
ドデカミン エナジーコーラ
[アサヒ飲料]

エナジー飲料『ドデカミン』のコーラ版で、この手のドリンクが夜に需要が高いとの観点から『ナイトフィーバー』というサブネームも。

2015
ファンタ グレープフルーツ
[コカ・コーラ]

『ファンタ』では定期的に復活しては消えていく味が少なくないが、『グレープフルーツ』もその一つ。

2015
伊右衛門 抹茶の贅沢
[サントリー]

上質な石臼挽き抹茶を使用し「濃厚なコク」「上質な苦味」「香りの余韻」をしっかり感じられる味に仕上げた。秋発売で紅葉をイメージ。

2015
デカビタチャージ ゴールド
[サントリー]

『デカビタC』210ml瓶2本分のローヤルゼリーエキスとビタミンB群、ビタミンCなどを配合。エナジードリンクを意識した強化版。

2016
三ツ矢サイダー グリーンレモン
[アサヒ飲料]

クエン酸濃度6倍と、100年超の『三ツ矢』ブランド史上最高に酸っぱいと掲げただけあって、かなり酸っぱかったのは確か。

2016
ボス コロンビア
[サントリー]

『ボス ワールドコレクション』の一角で、コロンビア産磨き豆100%使用。雑味をなくし、すっきりとした味わいをアピール。

2016
ワンダ モーニングショット アイスブレンド
[アサヒ飲料]

朝専用コーヒーの夏限定バージョン。キリッとした苦みが特徴。通常版より少し多めの280gボトル缶でゴクゴクたっぷり味わえる。

2015
リプトン 白の贅沢 ミルクティー
[サントリー]

香り包み茶葉と北海道産生クリームを使用した、ぜいたくな味わいのミルクティー。ミルクのコクやまろやかさが引き立つ。

JUICE topics ジュース トピックス

本格的SNS時代を迎え、飲料分野でも新商品が発売されるや即ネットで話題になったり、一度評判が芳しくないとたちまち店頭から姿を消すなど、消費者の目が厳しさを増す時代に。『コカ・コーラ』ご当地ラベル缶が発売。

2016・17・18

2017
冷やしみそ汁／冷やししるこ
[伊藤園]

お汁粉と味噌汁は温かいのに限るとの常識をぶち壊すべく発売された和風冷製フード系飲料。『みそ汁』はなめこ入り。マニアックな需要を掘り起こしたようだ。

2016

シンプルなスリムボトルがおしゃれ

ジョージア コールドブリュー
カフェラテ／ブラック
[コカ・コーラ]

ご当地『コカ・コーラ』とほぼ同じスリムな250gアルミ缶で発売。低温抽出による苦み、雑味、エグみを抑えたスッキリした味わい。『カフェラテ』は国産ミルクを使用し、ほのかな甘みとまろやかな香りが特徴。

2017
コカ・コーラ
コーヒープラス
[コカ・コーラ]

コーラにコーヒーを混ぜるという、日本ではありそうでなかった組み合わせ。2017（平成29）年に地域限定発売された。

2018
三ツ矢サイダー
NIPPON
[アサヒ飲料]

1935（昭和10）年に発売された『三ツ矢シャンペンサイダー』の味わいを再現。砂糖の味がしっかり感じられる「コクのある甘さ」にした。

2018
カルピス
ソーダ
クラシック
[アサヒ飲料]

『カルピスソーダ』発売当時の白地に青い水玉をあしらったデザインが45年ぶりに復活。甘味料を使ってないのが、現行品との違いだ。

平成ジュース界の華 JTの四半世紀 1991~2015

構成・文／足立謙二

ハーフタイム
オリジナルコーヒー
ビッグアメリカン

1991

飲料事業立ち上げからまもなかった1991（平成3）年発売の350ml缶入りガブノミ系コーヒー。この当時はまだ『ハーフタイム』ブランドの一商品扱いで、コーヒーとしての独自ブランドは掲げられていなかったようだ。

ハーフタイム
桃の天然水

1996

JT四半世紀の歴史を彩った通称“桃天（桃水とも）”。いわゆるニアウォーター系飲料が各社から発売され競争が激しい中、1998（平成10）年には年間1600万ケースの売り上げを記録した。その後、異物混入による回収騒ぎが影を落としたが、サントリーへ移管後も一部コンビニで限定発売され、ブランドは2021（令和3）年まで続いた。

ハーフタイム
バジルグレープ炭酸

1994

こちらも事業立ち上げ初期に発売された、果汁炭酸飲料。色違いの『ジンジャースパークリング』と、非炭酸の『キャラウェイ・グレープフルーツエード』、『パーティスカッシュ（ロゼピーチ、グリーンバナナ）』など、他社にない味を模索していた様子がうかがえる。

日本専売公社の民営化により１９８５（昭和60）年に誕生した日本たばこ産業（ＪＴ）が、たばこ消費の頭打ちなどを背景に事業多角化の一環として１９８８（昭和63）年から飲料事業に進出した。『ハーフタイム』ブランドを立ち上げ、独自の自動販売機を全国に展開。１９９１（平成３）年頃には飲料業界に確固たる地位を確立した。売れ筋の缶コーヒーでは『完熟豆１００％』に始まり、２０００（平成12）年に発売された『ルーツ』シリーズは強豪ひしめく中で大きな存在感を示した。さらに、１９９６（平成８）年に登場した『桃の天然水』は、当時人気だった歌手の華原朋美をＣＭに起用し、女子中高生らを中心に爆発的人気を獲得。１９９８（平成10）年、日本食糧新聞の「食品ヒット賞」を獲得した。しかし、競争激化の中で行き詰まり、２０１５（平成27）年９月にサントリーに事業譲渡され、約四半世紀の短い歴史の幕を閉じた。

ハーフタイム
レモンティー

1991

『ハーフタイム』ブランドの紅茶飲料。JTの紅茶ブランドというと1995(平成7)年に発売された『デューク』、1999(平成11)年頃登場の『ラ・パレット』『トワイニング』などがあった。

ハーフタイム
爽快ビタミン

1995

11種類のビタミンを配合した栄養系炭酸飲料。かなり酸っぱかった印象が残っている。この頃からラベルデザインに強い個性が見られるようになった。

ハーフタイム
スポーツドリンク トリム

1991

陸上競技のピクトグラムのようなデザインが施された『ハーフタイム』ブランドのスポーツドリンク。「TRIMM」の名の由来が気になるが、残念ながら今となっては知る由もない。1992(平成4)年、『Onフィットネス』に名称変更している。

ハーフタイム
完熟豆100%コーヒー

1992

1992(平成4)年から発売された本格派志向を謳う『完熟豆』シリーズ。『ルーツ』登場までJT飲料部門の支柱を成していた。駅の自販機などでよく見かけた。

ハーフタイム
カフェチョコ

1995

ハーフタイム
クリーミーカフェ

1991

コーヒー飲料のうち、乳飲料系のカテゴリーだった『クリーミーカフェ』シリーズ。甘さひかえめのコクがある味で、割とヒットしたと記憶している。イタリアの国旗をあしらった『カフェチョコ』のデザインは目立った。

2001

ルーツ アロマブラック

2000　2000　2000

ルーツ リアルブレンド／プレミアム／クリアビター

『完熟豆』シリーズに代わり『ハーフタイム』ブランドも解消し、満を持して2000（平成12）年から発売した『ルーツ』。『桃の天然水』と並ぶ顔だった。キーコーヒーと協業し、殺菌工程や乳素材などで独自製法を採用、「アロマ」にこだわった商品コンセプトで展開。中でも2001（平成13）年発売の『アロマブラック』はブランドのフラッグシップとなり、サントリーへ移管後も限定発売された。

1998

ハーフタイム 彩美茶

ブレンド茶飲料ブームの中で1998（平成10）年に発売された『彩美茶』。はとむぎ、玄米、大麦、緑茶、ウーロン茶、熊笹、どくだみ、はぶ茶、月見草、びわ葉と10種類の原料をブレンド。その後、『飲茶楼』ブランドを冠することに。

1997

ハーフタイム 苺の天然水

1997

ハーフタイム ぶどうの天然水

『桃の天然水』大ヒットの波を逃すまいと、『苺』『ぶどう』『りんご』『マスカット』などバリエーションを次々に投入。甘さひかえめだからと調子に乗って飲みすぎて逆効果になった女性が続出したとか。

桃の天然水SODA

2000

異物混入騒ぎにより一転、苦戦を強いられることになった『桃の天然水』のブランド復活を願ってか、2000（平成12）年に発売された炭酸入りバージョン。2017（平成29）年にサントリーから復活限定販売された。

白いサイダー88

2011

清酒メーカー・大関と技術協力し、米粉由来の糖化液を原料に使った炭酸飲料で、お米の自然な甘みが特徴と謳った。『88』とは、「米」の字を分解した「八十八」からのネーミングとか。

ドトール アーモンドキャラメル・ラテ

2004

2004（平成16）年発売。コーヒーチェーン店『ドトール』の特徴である直火焙煎豆を100%使用。独自の乳技術による「キレ」と「コク」を追求したカフェラテをベースにアーモンドキャラメル風味を加えた。大手コーヒーショップとのコラボが流行り始めた頃の商品だ。

コーラショックプラス

2014

2014（平成26）年に発売されたJT初のエナジー系コーラ飲料。これまでなかったのが不思議だ。主に自販機での販売でコンビニでの扱いが少なかったため、コーラ好きの間でも幻の一品に数えられているとか。

辻利

2010

緑茶飲料市場が急拡大した2007（平成19）年に発売。京都・宇治の老舗茶舗・辻利一本店と共同開発し、品のある深い味わいとスッキリした後味を特徴とした。2013（平成25）年には『ゆず緑茶ソーダ』も発売された。

構成・編集　Plan Link
編集協力　足立謙二、久須美雅士
デザイン　近江聖香 (Plan Link)
企画・進行　廣瀬祐志

ご協力頂いた皆様、並びに画像や資料等をご提供頂いた
メーカー様に心より感謝申し上げます。

本書に掲載の商品情報および企業情報は、全て取材時のものです。
また、発売年をはじめとする情報は、発売元企業による公式情報、
および一部編集部調べによるものです。現行の商品に関しては、
パッケージや内容等に変更が生じる場合がある事をご了承下さい。
また、掲載商品についてのお問い合わせには、販売元の企業様、
および弊社では一切お答えできません。尚、本書に収録した商品、
並びにそれらに関連するものは、各企業様や協力者様からご提供
頂いています。

日本ジュースクロニクル

2023年6月20日　初版第1刷発行

編者　日本懐かし大全シリーズ編集部
発行人　廣瀬和二
発行所　辰巳出版株式会社
〒113-0033 東京都文京区本郷1丁目33番13号 春日町ビル5F
TEL　03-5931-5920(代表)
FAX　03-6386-3087(販売部)
URL　http://www.TG-NET.co.jp/

印刷所　三共グラフィック株式会社
製本所　株式会社セイコーバインダリー

本書の内容に関するお問い合わせは、
メール (info@TG-NET.co.jp) にて承ります。
恐れ入りますが、お電話でのご連絡はご遠慮下さい。

定価はカバーに表示してあります。

万一にも落丁、乱丁のある場合は、送料小社負担にてお取り替えいたします。
小社販売部までご連絡下さい。

ISBN978-4-7778-3004-6